国外城市设计丛书

绿 色 尺 度

[英]克利夫·芒福汀 著

陈 贞 高文艳 译

中国建筑工业出版社

著作权登记图字：01-2003-8410 号

图书在版编目（CIP）数据

绿色尺度/（英）芒福汀著；陈贞，高文艳译 .—北京：中国建
筑工业出版社，2004
（国外城市设计丛书）
ISBN 978-7-112-06547-9

Ⅰ.绿… Ⅱ.①芒…②陈…③高… Ⅲ.城市规划—建筑设
计 Ⅳ.TU984

中国版本图书馆CIP数据核字（2004）第038207号

责任编辑：戚琳琳
责任设计：彭路路
责任校对：王 莉

Urban Design:Green Dimensions by Professor J.C. Moughtin Butterworth–
Heinemann, a division of Reed Educational & Professional Publishing Ltd.

Copyright © Reed Educational & Professional Publishing Ltd-1996
Chinese translation copyright © 2004 by China Architecture & Building
Press

本书由英国 Butterworth–Heinemann 出版公司正式授权我社翻译、出
版、发行本书中文版

本项目由"北京未来城市设计高精尖创新中心——城市设计理论方法
体系研究"资助，项目编号 UDC2016010100

国外城市设计丛书

绿色尺度

[英]克利夫·芒福汀 著

陈 贞 高文艳 译

*

中国建筑工业出版社出版、发行（北京海淀三里河路9号）
各地新华书店、建筑书店经销
北京点击世代文化传媒有限公司制版
北京京华铭诚工贸有限公司印刷

*

开本：787×1092毫米 1/16 印张：12½ 字数：300千字
2004 年 8 月第一版 2018 年 5 月第三次印刷
定价：48.00 元
ISBN 978–7–112–06547–9
（30152）

版权所有 翻印必究
如有印装质量问题，可寄本社退换
（邮政编码 100037）

目　录

序言 ……………………………………………… 5

致谢 ……………………………………………… 7

第一章　可持续发展 ……………………………… 9

第二章　能源与建成环境 ……………………… 24

第三章　能源与交通 …………………………… 47

第四章　城市意象 ……………………………… 65

第五章　城市形态 ……………………………… 90

第六章　城市片区 ……………………………… 129

第七章　城市街区 ……………………………… 157

第八章　结论 …………………………………… 181

参考书目 ………………………………………… 192

插图来源 ………………………………………… 198

译后记 …………………………………………… 200

序　言

　　本书的主题为城市的可持续发展。在这个自然资源日趋枯竭、臭氧层持续受损、污染不断增加、人们对温室效应的恐惧日益加剧的时代里，任何脱离环境问题而展开的城市设计研究都是毫无意义的。这个供养人类的星球，在经历了漫长的历史时期后，目前所剩的除了一个恶化的生活方式，能否还有其他的东西，令人怀疑。在这样的情形下，脱离环境问题而以一种纯粹或抽象的形式探讨美学的问题是很肤浅的。本书将建筑及其姊妹——艺术、城市设计作为"实用、坚固、美观"（沃顿，1969；芒福汀，1992）的构成元素。其中，可持续发展是城市发展"实用"性的一个方面，它是一种在保持城市社会和经济发展的同时，而不对环境造成破坏的发展模式。

　　可持续发展的需求，已经密切反映在城市设计领域目前的纲领中。而对现代建筑和现代城市规划的反思，引发了对欧洲传统城市及其城市形态的重新评价。对城市设计师而言，他们把城市空间形态、市区活力和特性、都市氛围等方面所急需实现的目标，可以和尊重传统以及注重人文尺度的开发等，统统归结到可持续发展的计划中来。可持续发展和后现代城市设计这两项运动是相辅相成的。后现代城市设计给可持续发展提供了理论体系的组合模式，反过来，可持续发展理论为后现代城市设计理论提供了功能上的合理性。如果没有合理的功能，并将其功能要素贯彻到城市设计的整个过程中，那么后现代城市设计则将演化成为另一门深奥的美学流派。城市设计学科的基础植根于社会的需求，而当代社会目前正面临全球范围环境危机的处境，并正在向环境危机对全球城市造成的影响妥协。

　　寻求可持续的城市结构，首先必须要提高建成环境的质量。而对城市环境质量的追求则必须注重美学以及其他美观的评判标准。本书揭示了在城市设计水平的评定过程中。

　　存在的一些与目前这种对全球环境问题普遍关注的大背景相冲突的问题。本书是该系列丛书中的第三卷，其成果是建立在前两册的理论基础上。其中，第一卷主要阐述了城市设计中一些关键要素的作用和意义，尤其着重讨论了街道和广场的形态和功能。第二卷则对公共空间的装饰要素进行了深入研究。在对街道广场三维装饰要素的设计和布局进行探讨的基础上，概括了地面、街道广场的围墙、转角、屋顶线、屋顶和天际线等要素装饰的基本原理。本书则力求将城市设计的主要内容和城市建设的基本理论结合起来，着重讨论了城市及其形态、城市居住区、街区、群屋等方面的内容。和前两卷一样，本书揭示了城市设计领域过去的一些教训。然而，如同《街道与广场》和《美化与装饰》两卷一样，它并非简单地沿袭传统，因为它不是在为公共空间大量贩卖和使用这些手法的申辩书或支持信。本书力求与可持续发展的基本规律相协调，并进而推导出建立在环境要素基础上的城市设计原理。在本书的最后一章中谈到，可持续发展的理念所面临的真实状况是大量非可持续发展的现代城市，这些城市拥有充足的市政设施，与此同时，这些设施的更新又是非常缓慢的。因此，最后一章将可持续发展理念所涵盖的因素进行了分析，并认为这些对策和措施将有可能在可见的未来和适宜的条件下得到实施。

致　　谢

　　我要感谢我以前的两个学生，一个是鲍勃·奥弗里，当我在贝尔法斯特皇后大学任教时，他向我介绍了公众参与在规划中的作用；另一个是史蒂夫·沙尔泰，他鼓励我在诺丁汉大学规划学院开设了可持续发展方面的课程。在我看来，可持续发展和公众参与这两个理念对于城市设计学科的发展是至关重要的。此外，与布伦达和罗伯特·韦尔近几年的共事也非常愉快，他们在生态建筑学方面的研究给了我很多启示。与系列丛书的另外两册一样，我的妻子凯特·麦克马洪·芒福汀通读了本书的手稿，以确保书面的表达易于理解。由彼得·怀特豪斯绘制的精致插图以及由格林·哈尔翻转我的负片而制作的照片，对文章的阐述极有帮助。同时，我还要感谢帕特里夏·休姆，他将最后的手稿打印成文。

　　我还要对利弗休姆·特拉斯特给予本书的慷慨资助致以深切的谢意。

第一章　可持续发展

引　言

　　本书的主题是城市设计或谓之城市建造的艺术,它主要关注城市公共空间营造的方法和过程,还尤其关注城市建设中的绿化系统,并探求可持续发展的城市形态。在这个自然资源日趋枯竭、臭氧层持续受损、污染不断严重、人们对温室效应的恐惧日益加剧的时代里,任何脱离环境问题而展开的城市设计研究都是毫无意义的。这个供养人类的星球,在经历了漫长的历史时期后,目前所剩的除了一个日益恶化的生活方式,能否还有其他的东西,令人怀疑。在这样的情形下,脱离环境问题而以一种纯粹或抽象的形式探讨美学的问题,就如同要重新布置泰坦尼克号甲板上的躺椅一样,是毫无意义的。人们通常认为建筑及其姊妹——艺术、城市设计为"实用、坚固、美观"(沃顿,1969;芒福汀,1992)的构成元素。其中,可持续发展是城市发展"实用"性的一个方面,它是一种在保持城市社会和经济发展的同时,而不对环境造成破坏的发展模式。寻求可持续的城市结构,首先必须提高建成环境的水平。而城市环境的质量,部分是由美学以及其他美观的评判标准所决定的。本书揭示了在城市设计水平的评定过程中,存在的一些与目前这种对全球环境问题普遍关注的大背景相冲突的问题。

　　可持续发展的需求与城市设计领域的后现代运动相一致,并已经密切反映在其纲领中。对城市设计师而言,目前的当务之急是将城市空间形态、市区活力和特性、都市氛围,以及尊重传统适度的开发等结合起来。这些内容以及其他后现代城市设计运动中的精髓都可以从可持续发展的计划中吸取。可持续发展和后现代城市设计这两项运动是相辅相成的。实际上,他们都体现了当前的一种思潮,即要抵制20世纪50、60年代和70年代以现代建筑为表现形式的大规模开发策略。后现代城市设计给可持续发展提供了理论体系的组合模式,反过来,可持续发展理论为后现代城市设计理论提供了功能上的合理性。如果没有合理的功能,并将功能要素贯彻到城市设计的整个过程中,后现代城市设计将像其他一些后现代建筑流派一样，演化成为另一门深奥的美学流派。城市设计学科的基础是社会的需求。而当代社会目前正面临全球范围环境危机的处境，并正在向环境危机对全球城市造成的影响妥协。

环境问题

有人认为拉赫尔·卡森（1962）所著的《沉寂的春天》，是现代环境运动的起点（多布森，1991）。本书阐述了不加选择地大规模使用化学杀虫剂、杀真菌剂以及除草剂等造成的不可避免的危害。卡森著作及思想的影响非常广泛，影响了像"地球之友"这样的民间团体，并促进了环保政策和环保思潮的推行。舒马克（1974）所著的《少就是美》是环保问题成因分析和环保策略制定领域的又一个里程碑。他纠正了人们的一个观念，即在这个资源有限的星球上，大家仍可以以不断增加的速度进行生产和消费活动的想法是不切实际的。舒马克警告大家，作为我们资源来源的地球，正在受到过度消耗的威胁：实际上，人类正在以危险的速度消耗着他们的资源，危及着自然界的临界线，进而对人类生命的支撑系统造成威胁。在生态研究领域中一个更为深远意义的里程碑是"我们共同的悲剧"学说（黑丁，1977）。黑丁认为如果每一个人都尽可能最大化地从大家的共有资源中攫取自己的一份，无论是土地、海洋或是空气，都必将导致对这些共有资源的破坏。在人口相对比较稀疏的地区，这些人类共有的资源包括我们呼吸的空气、保护我们的臭氧层，以及对人类制造的垃圾进行分解的生态系统，都处在危险的状态中。"人类的困境"组织开展的《罗马项目》所制定的《增长的极限》（梅多斯等，1972），就环境运动进展的目的提出了质疑。该文阐述了目前地球资源削减的状况，并就当前这种递增的发展趋势可能引发的后果提出了警告，宣称全球的环境将会因满足人类不断增长的需求而最终导致自我灭亡。这本书被认为是非科学和机械的。并一直受到大家的批判，认为该书夸大了实际的状况以及对环境造成的破坏。这些批评在《超越极限》（梅多斯等，1992）一文中有所表现。但是，《增长的极限》一文确实力图就全球的环境问题进行整体的研究，并采用系统的方法进行环境分析，来重点研究生态策略一般要素之间的联系。

人口增长是造成环境恶化的一个至关重要的因素。17世纪中叶，全球的人口数量只有5亿左右。但其后年均0.3%的人口增长率，使得地球人口在每250年内就增加一倍。到20世纪初，全球人口达到了16亿，同时年人均增长率提高到了0.5%，使得人口翻番的时间缩短到了140年。到1970年，全世界的人口数量达到了36亿人，年均增长率达到了2.1%。不但是人口总量随人口增长指数增加,连人口增长指数自身也在不断提高。不过,在1971～1991年这20年间里,尽管人口总量从36亿增加到了54亿,但年均增长率却从2.1%下降到了1.7%。在这段短时期内,人口死亡率虽然有所下降,但出生率平均下降更多。人口增长率这一意义的重大变化,意示着世界人口的增长出现了下降的趋势。

但其中,各地区人口增长速度的水平不一致(表1.1)。据估计,全球人口在2025年将达到82亿,其中83%的人口分布在发展中国家。到2000年末,全球为供养这些新增的人口将需要多消耗50%的物资,"农业学家们能否应对这一挑战还很难说"(联合国环境与发展会议,1992)。

目前,最少有10亿人还没有获得安全和健康的居所。据估计,到2000年,将有20亿人流离失所。此外,每年还将有520万人,包括400万的儿童死于因过度资源浪费而造成的疾病。据地球峰会称:"贫困与环境的恶化是紧密相关的。虽然贫困对环境造成了一定压力,但环境恶化的主要成因是消费和生产的非可持续发展模式,尤其在工业国家,贫穷和贫富悬殊的现象更为严重"(联合国,1992)。目前所存在的问题是,"日益加剧的国际化、全球化以及潜在的比以往更为严重的生存危机"(皮尔斯,1989)。虽然通过教育和家庭计划降低人口增长率是为人类建设一个可持续发展未来的关键,但仅此而已是不够的:在发达国家建立可持续的消费和生产模式对全球环境的发展水平才是至关重要的。

关于全球环境问题的本质和范畴,在其他许多著作里已经有充分的论述,因此,本书就此只进行简单的归纳。对人类生存

表1.1

人口及人口增长率预测(1984年估算数据)

地区	人口(亿)		年增长率(%)		
	2000年	2025年	1950～1985年	1985～2000年	2000～2025年
全世界	61	82	1.9	1.6	1.2
非洲	8.7	16.2	2.6	3.1	2.5
亚洲	5.5	7.8	2.6	2.0	1.4
拉丁美洲	35.5	45.4	2.1	1.6	1.0
北美洲	3.0	3.5	1.3	0.8	0.6
欧洲	5.1	5.2	0.7	0.3	0.1
前苏联	3.1	3.7	1.3	0.8	0.6
大洋洲	0.3	0.4	1.9	1.4	0.9

*本预测为中速发展预测。

资料来源:世界环境与发展委员会,《我们共同的未来》,哈佛大学出版社,哈佛,1987

质量的最大威胁是全球性的污染问题，以及由此引发的臭氧层破坏问题。地球最外表臭氧保护层的受损使得来自太阳的紫外线可以穿透地球的表面。而射线的增加有可能会对植物、动物包括人类造成不利的影响。目前的经济政策和部分的土地利用开发增加了大气的辐射，尤其增加了温室气体的排放。同时，全球气温的变暖将导致海平面的上升，这对许多国家而言将是一个致命的打击。人类的这些行为还会导致生物多样性的丧失，将会"降低生态系统抵御气候变化和大气污染危害的弹性能力。同时，大气变化的影响将波及森林、生命多样性、淡水、海洋生态系统以及农业等经济活动领域"(联合国，1992)。

正如皮尔斯(1989)指出的那样，以上这些变化对环境的具体影响至今是无法确定的。例如：废气排放到大气层的精确轨迹和未来的燃料组合无法确定。污染对生态改变影响的程度和范围也不确定；尤其是全球或区域范围的气候随之改变的情况更是无法确定。同样，环境灾难发生或某些特定进程无法逆转的临界点，即环境的阈限也无法确定。以上所有的这些都是关于人类在应对可能发生的环境变化时，拟采取的对策中无法明朗的主要内容。人类对这些现实或预期的环境危害的回应和调整，是人类适应自然过程中的一部分，而这种回应和调整应当包括个人的、机构的和政府的几个层面。这种适应小到在家中安装更多的隔热设备，大到从干旱或洪涝地区大规模的移民。

由于以上不确定因素的存在，因此，解决环境问题明智的做法就是要谨慎和有计划地处理可能出现的最坏后果。如果同意这一观点，那么皮尔斯(1989)所提出的建议就是勿需争辩的，他认为"通过国际的合作将温室效应控制在'可接受的程度'是非常重要和急迫的。这种紧迫性在于其可能后果的严重性；在于越拖延，气温越高，危害越大；在于将来的弥补措施将非常昂贵；还在于国际合作这一惟一的遏制手段的实施将是非常复杂和难以确保的。目前，全球污染的问题更体现了政策先行的必要性"。

可持续发展：定义

解决全球环境问题就是要制定可持续发展的策略和计划，这似乎已成为了一个广泛的共识。然而，关于可持续发展，却有着许多不同的定义(皮尔斯等，1992)。但目前存在着一种危险的认识和做法，即将可持续发展简单地认为是解决地球环境问题万能的灵丹妙药。为人类的生存环境寻求可持续发展的未来需要拟定出一些强硬和有效的政策和计划，直接涉及与环境恶化和非持续发展相关的问题。如果这些政策和计划都是以"可持续发展"概念为线索进行组织的话，那么，对"可持续发展"必须要达成一个广泛接受的概念，否则 "可持续发展"就会沦为治疗政治昏迷的一注止痛药。

　　关于可持续发展的广泛接受的定义，以及"考量"这一概念的适宜切入点，在布伦特兰(Brundtland)的报告中有所表述："可持续发展是在不危及子孙后代需要的情况下，满足当代发展需求的发展模式。"(世界环境与发展委员会，1987)。这一定义包含三个关键的观念：发展、需求和子孙后代。根据布洛尔(Blower，1993)的观点，不应将发展和增长的概念混淆起来。增长是指经济体系在物质或数量上的扩张，而发展是一个质量的概念：它涉及包括文化、社会和经济领域的提高和进步。而"需求"一词则反映了资源分配的观念，即"满足所有人的基本需要，并尽可能满足他们创造优质生活的愿望"(世界环境与发展委员会，1987)。这是一个美好的期望，但在现实生活中，一方面，穷人们无法获得他们的基本需要；另一方面，富人们则在更积极地去实现他们的渴望，许多奢侈品被这些富人们当成了必需品。如果富人们的这种消费标准依然保持，而同时还要满足穷人们的需要的话，自然会造成环境资源的大量消耗。因此，有一个选择是不可避免的：需求的满足自此成为了政治、道德和伦理领域的问题。它涉及在国家内和国家之间进行资源再分配的问题。可持续发展意味着在伦理和现实的动机下所寻求的更彻底的社会公平。我们不能沿着贫困的南半球划出一个环保禁区：我们只有一个地球，而环保的问题是没有国界的。第三个概念"子孙后代"反映的是不同代系之间的公平性：我们有责任照顾好我们的地球，并将其好好地传给未来的子孙(英国环境部，1990)。1972年的联合国人居会议提出并倡导"乘务员"的概念。"乘务员"体现了人类对于地球的角色是地球的呵护者，并需要把握好地球的发展方向，尽可能地造福人类和自然系统。人是为子孙后代服务的地球管理员。北美印第安人的一句格言很好地概括了上述思想，即"地球并非是我们从祖先手上继承，而是从我们的子孙手中借来"。遵循这句格言的目的不是让生活在地球的每一代人都保持现状，而是要他们为下一代留下良好的生活环境，尤其是在那些环境已经恶化的地区。这需要每一代人的明智：避免不可挽回的破坏；控制环境资源的开发；保护重要的种群、高品质的景观、森林以及不可再生的资源。总而言之，布伦特兰所明确的可持续发展的定义包括了在不破坏地球环境支撑体系的发展前提下，人类代间和代内二者的公平性。

　　埃尔金等在他们的《复兴城市》(1991a)一文中，对上一段中所述的理论大加赞同。不过，文中还列出了可持续发展的四个原则，即未来、环境、平等和可参与性。未来的原则是指将主要生态支撑系统的环境消耗维持在最少的程度，并尽可能多地保护包括森林在内的传统的不可再生资源。这符合了布伦特兰所提出的要求，即人类的活动应根据其对子孙后代的需求造成的影响进行限定。第二个原则关乎环境的消耗问题。所有活动的实际消耗，无论是否通过市场发生，都应当通过一些规则以及基于市场的激励机制进行结算。虽然实现这一原则所需要的最小环境容量很难确定，但可以明确的是"目前环境恶化和资源削减的速度似乎正在使我们偏离那个水平"（埃尔金，1991a）。精确地限定可持续发展的约束条件可能比较困难。不过，引导消费模式转变的方向、避免环境阈值的突破却是可以实现的。通过采取和落实这些尽管仍存在着疑义和不确定性的预防原则，也许可以大致判断出城市开发和城市设计模式中哪些比较有可持续性，哪些比较无持续性。

埃尔金（1991a）将其余的"平等"和"可参与性"两个原则确定为可持续发展的次要原则，次要原则与主要原则相关并为其提供支撑：埃尔金强调了代间和代内的公平性，并就此专题进行了大量的论述。他还将可参与性归结为长期原则。他认为："一次次地证明没有民主参与的'经济开发'是一句空话，除非个人可以参与到决策和实际的开发过程中，否则这些行动必将走向失败"。

可持续发展：政府的回应

在1987年布伦特兰会议的报告《我们共同的未来》中，可持续发展被列入了政府的议程中。卡森（1962）、舒马克（1974）、黑丁（1977）和梅多斯等（1972）之前所做的工作最终得到了全世界的认同。在英国，政府下达了由梅多斯等（1989）编制的研究报告《绿色经济蓝图》。在报告中，皮尔斯就将可持续发展引入英国经济体系的做法提出了建议。随后，英国政府出版了名为《共同的遗产》的白皮书（英国环境部，1990）。但是，白皮书中很少涉及到皮尔斯报告的论点。其次，也缺乏相关政策领域的指引，仅仅是对经济和城市发展中现有政策的重复。欧洲委员会公布的《城市环境绿皮书》使环境运动扩展到了全欧洲的范围（经济共同体委员会，1990）。该文章提出了一些解决环境问题潜在成因的政策，并呼吁开展适应可持续发展需求的城市管理途径的探索。

在20世纪90年代初期，英国颁布了不少关于环境问题的政府公告。《发展规划：一本优秀的实践指南》一书中就有一段关于环境问题的章节，试图说明如何将环境问题相关地反映到发展规划中。它讨论了 "要在经济增长、科技进步以及环境保护之间获取平衡"。但该文既没有就平衡的点位进行界定，也没有引入关于发展和增长的辩论。在为保护乡村英格兰委员会准备的《自觉的能源规划》(欧文斯,1991)中,有一些关于节能的城市形态的深远和综合的论述。而1992年颁布的《污染与废物管理规划》(美国环境部,1992b)则成为了制定规划指引的基础。《通过规划降低交通排放》于1993年公布:这是由美国环境部和交通部共同制定的文件。文件指出:

意识到全球环境变暖的问题,英国政府签署了《改变气候协定》,以呼吁采取措施,争取到2000年将二氧化碳的排放量减少到1990年的水平。要达到这一目标,在交通领域要采取以下三方面措施:

(1)减少整体出行需求;
(2)鼓励使用排放量省的出行方式;
(3)改变交通工具的排放效能。

第(1)条强化了欧文斯(1991)年提出的许多观念,强调了基于出行需求的土地利用、开发强度和城市结构之间的关系,并提倡更为节能的城市形态。第(3)条是关于改进交通技术的一个直白的主张,是一个没有什么政策干扰因素的建议。第(2)条或许对减少二氧化碳的排放量最有效。但对于一个由保守党执政的政府来说,实施的过程中会引发大量难题,因为政府偏向于公路的说客团,在解决交通问题上往往倾向于支持多修路的解决方案。不过,政府在交通问题上一些论调的变化似乎预示着政府的交通政策正在向公共交通倾斜。

1993年还颁布了《地方可持续发展框架》。这是英国地方政府对英国政府的第一个可持续发展战略所作出的回应。该报告是由地方政府管理局编制的,为英国地方的21世纪议程建立了框架。该报告力图贯彻"从全球出发,从本地做起"的原则。它是建立在由包括英国在内的178个国家1992年在里约热内卢的联合国环境会议上签署的《21世纪议程》的基础上。这份由地方政府管理局编制的报告比以往英国政府组织编发的文件更接近布伦特兰和《21世纪议程》的精神。例如,关于公平性问题是这样描述的:

穷人受环境问题波及的影响最大,而解决这一问题的能力却最差。贫困经常迫使人们作出一些不可持续的行为,而富人们却可以通过金钱来摆脱他们的行为对环境造成的影响。因此,财富分配的不均既引发了不可持续的行为,也使得这种行为难以逆转。同时,对现代人公平性问题的关注必须与下一代人公平性的问题联系起来。

该报告所谈到的关于生态经济的观点与皮尔斯报告的观点比较相近(皮尔斯等,1989),报告认为:"经济的增长既不是可持续发展的必需条件,二者也不匹配:在它们之间没有必然的联系,在经济增长和生活水平之间也没有必然的联系"(地方政府管理局,1993)。此外,该报告还强调了通过规划来实现可持续的发展:"规划体系是对可持续资源的使用进行决策的重要机制。它的运作是开放和民主的,并在采纳了环境管理的基本原则之后再加以实施"。报告还鼓励政府推进一个更有力、更广泛的规划体系。

1994年发表的四个官方公告为:《气候变化:英国计划》、《生物多样性:英国行动计划》、《森林:英国计划》与《可持续发展:英国战略》(英国环境部,1994a~d)。《气候变化》制定了英国贯彻实施《改变气候框架协定》的措施,这个协定是英国首相在1992年6月在里约热内卢的地球峰会上签署的。实施计划包括有关气体排放的情况和未来发展的趋势;并制定了到2000年将主要温室气体排放量降低到1990年水平的措施。该报告还承诺要提高土壤和植被的碳含量。其中,交通部分反映了政府政策的一些基本原则:"鉴于我们采取的是基于市场的方法,因此计划实施的关键在于提供一个合理的价格机制"(英国环境部,1994a)。例如,燃油税至少每年要增加5%,高于通货膨胀的平均水平,此外过路费的征收也要认真考虑。能否只靠市场机制自身而将消费模式扭转到不危害下一代的模式,仍需要拭目以待。这种市场机制所引发的副作用有可能会破坏寻求公平的努力,而公平是可持续发展的一个重要支撑原则。

1992年地球峰会所提出的一个重要建议是每一个国家都应当制定自身的行动计划和策略,体现其在实施《21世纪议程》和里约热内卢协定方面的所做努力。英国政府根据里约热内卢协定的四个方面内容分别制定了四个单独的文件其包括:气候变化、生物多样性、可持续的森林和21世纪议程。《可持续发展:英国战略》(英国环境部,1994d)是英国对《21世纪议程》的回应。报告的第一部分重申了可持续发展的基本原则。第二部分说明了未来20年的主要发展方向和可能出现问题的方面。第三部分特别关注了急需新政策来保障可持续发展的地区,以及在那些因稳定的环境改善给市场带来商机、有可能刺激经济增长的地区中,经济政策实施的情况。第四部分制定了实施的对策:"可持续发展并不意味着减缓经济发展,相反,一个良好的经济体系将能更好地创造出满足人类需求的物资,追加投资和环境改善是密切相关的。"对那些可持续发展领域的论著来说,这份报告是基础性的成果。文中还有专门的章节研究城镇和乡村的发展、建成环境的建设、交通和土地利用规划体系这些与城市设计密切相关的内容。

环境污染皇家委员会(1994)年制定的报告,在可持续发展领域也是一项基础性的研究成果: 它详细说明了能源利用、污染和建成环境之间的关系,并提出了关于城市发展的若干实施建议。可持续发展的理念,已经开始影响环境部地方当局编制的《规划设计指引》。其中,关系密切的是第13页的"交通"(英国环境部,1994e)和第6页的"镇中心和零售业发展"(英国环境部,1993c),后一部分的内容目前正在重新制定中,要强化复苏镇中心的政策。

政策策略与可持续发展

关于"可持续发展"概念意义的理解,在很大程度上取决于个人的认识观念。正如多布森(Dobson)所指出的:"保守党和其他主要的政党以及无数的个人、团体、组织,发现在20世纪末,环境问题正在成为一个政治问题,现在更公然地把它当作一个辅助问题,而不是一个主导问题"(多布森,1990)。这种环境观以及全世界所面临的困境为包括联合国、经济共同体以及包括规划领域的大多数科学组织所共识。这种"乘务员"的观点在本章中已进行了大量的阐述。它代表了那些认为在目前的政治和经济体系下,环境问题可以得到应有解决的那些人的看法。多布森(1990)对在可持续发展和环境问题上两种截然不同的看法进行了区分。上述主导的观点他用"绿色"一词的小写首写字母"g"表示,而那些认为可持续发展取决于对现有体制进行根本性变革的观点,用"绿色"一词的大写首写字母"G"表示。

以上所有这些人对于"绿色"的理解,取决于其对环保问题的态度。"G"的想法或"生态学"的看法将《增长的极限》(梅多斯,1972)中的论点视为公理:"他们承认报告中关于各种资源的使用生命预期的估计过于悲观,也同意罗马俱乐部模拟的计算机模型不够精确,但是,他们从报告中得出的结论就是:如果采用无控制的增长模式,人类的发展将时日无多了"(多布森,1991)。"G"的思想对目前教育、科学、技术等领域采用的基本模式和理性分析的客观性持有质疑(卡普拉,1985)。在"G"的世界观中,人不再占据中心的地位:

"G"组织明确地要将人类的地位从中心位置脱离,并对机械学科及其技术成果表示疑义,同时也不认为地球是为人类而造的——他们之所以这样,是因为他们对使物质丰富化的后工业社会工程的价值和可持续性感到疑惑(多布森,1990)。

生态学超乎了将自然界视为人类工具或对其进行家长式管理的想法，并认为自然环境有其自身独立的价值，应该确保它的存在。"G"思想提出必须要建立一种新的模式来解决目前人类所面临的环境问题。这种模式应当建立在整体性的基础上，要用联系的观点看待世界，而不是目前这种机械化和简单化的观念。

如果政治策略向它所宣称的那样，是一门关于可能性的艺术，那么，实现可持续发展的途径和方法将会因时间和地点的不同而变化。可持续发展的政策必须具有政治的可接受性，即以民主的形式为选民们所接受。在英国，没有一个主要政党提倡对财富的再分配，而所有的政党都致力于经济增长。显然，在这种政治环境下，一个实用的环境保护论者将会提倡"G"思想所确定的政策，将会"或多或少地有些不可持续"。本书间或会提倡可持续发展的理念或报道"G"的实践，但大体上，这种思想是为政治现实主义而不是乌托邦理想主义所倡导。

可持续发展与经济

皮尔斯及其同事，力图将可持续发展的理念结合到当前英国经济增长政策的主导观念和政治舆论中：

改变生活方式的要求通常混淆了两件事情，即经济的增长和支撑经济增长的资源利用的增长。经济的增长（国民生产总值增加）以及少数资源的耗尽是有可能同时出现的。这就是为什么我们宁愿采用减少单位资本国民生产总值的方案来解决环境问题。首先，地球上的大部分人类与国民生产总值和社会福利有着难以割舍的联系。高国民生产总值的无法维持将引发失业和贫困。而反对经济增长的提议在经济失业和贫困方面却是无能为力或不切实际的（皮尔斯，1989）。

传统的林业和渔业，在维护可持续发展领域有着长期的实践，它们的采伐量相当于或略少于生产量。一项产业如果无法保证其资源的容量，将会导致资源和相关产业的灭绝。这一类推在某些方面适用与目前的讨论：它强调了对未来或妥善管理农业的关注以及对支撑的环境容量关注。但是，国家的经济并不完全地依赖于可再生的资源，也没有类似的资源可以轻易地帮助产出的增加。如果我们将可持续发展作为发展目标，那么，像石油或天然气这类不可再生资源，应当被其他可再生资源所替代。例如，在使用矿物燃料的同时，应当结合发展使用其他像风力、水力和太阳能等可再生的能源。这些有趣的实践，虽然并不是总受到当地群众的欢迎，但现在正在全欧洲范围内推行。

例如，在爱尔兰梅奥的Bellacorick, cut-away的沼泽地，建

1.1

1.2

图 1.1 风力农场，爱尔兰，梅
　　　奥县，Bellacorick。坐
　　　落在"cut-away沼泽"
　　　的风力农场。

图 1.2 发电站，爱尔兰，梅奥县，
　　　Bellacorick。由本地的
　　　泥炭沼启动的发电站。

造了一个实验性的风力农场，与它的邻居相比，它对景观的破坏
要小许多，它是一个更传统化的发电站(图1.1和图1.2)。这类尝
试说明了皮尔斯发展更深入的可持续发展概念的原因，"因此，
在不可再生资源日渐匮乏的时候，可持续意味着确保替代资源
的获得，同时，它还意味着这些替代资源的使用对环境造成影响
应当可以控制在地球的消化能力内"(皮尔斯等，1993)。

　　显然，可持续发展如果不希望带来包括资源再分配或资源减
少等政策上的麻烦，就需要在经济增长发展的一定层面上实施。为
了对目前的福利状况有一个正确的了解，并真实地反映环境恶化
的情况，可以用两种相关的方式对增长进行衡量。不过要对经济管
理手段进行两个重要的调整。首先是经济增长或福利的衡量方式。
其次为衡量环境资源利用或滥用状况的方式，即环境的贡献值。过
去"经济增长"使用了一些有误导性的指标进行衡量。其中，国民生
产总值不能充分反映人民生活的水准。例如，如果污染危害了人类
健康，那么用于健康护理的费用将会增加，这也会导致国民生产总
值的增加。但国民生产总值的增加表现出来的似乎是人民生活水

平提高了,而不是实际生活中的降低了。在进行计算时,我们已经将人工资产的折旧计算在内,但却没有计算环境的折旧或"环境资产"的折旧。而如何将环境的消耗量化,如何结合这些费用对国民生产总值进行调整,以及如何使这种调整能够密切反映人类福利的发展,这些都是值得争议的问题:

如果将所有有关环境的经济费用都进行计算的话,那么将可以在政府和各行业内形成关于可持续的更好的决策。许多国家正在鼓励和促进进行关于环境统计的研究,但存在包括方法论在内的重大难题。在短期内,能够达到的最好期望就是找到衡量环境污染和资源利用的更好方法,不管环境消耗的费用能否计算在内。尽管如此,政府将在英国的环境统计领域展开进一步的工作(英国环境部,1994d)。

在可持续发展的领域内,被称之为"增长与环境"的争论仍将是一个持续存在的问题。在有些时候,增长可能会触及环境质量的丧失或不可再生资源的减少。在其他时候,环境的保护也许意味着丧失经济增长的可能,但"可持续发展力图将对收入和就业机会的关注角度从节约资源的方面转换过来,并要确保经过权衡后的决策可以充分反映环境的价值"。

城市设计和可持续发展

在可持续发展的机制中,构筑城市设计框架的目标将重点强调自然资源和建成环境的保持。这就需要采用有效的方法将建成区改造成更富有吸引力的生活和工作场所。可持续的城市设计原则将对现状建筑、基础设施和道路的接受和再利用以及可循环建材的再利用放在了首位。支持这种保护方式需要一个前提:开发商直接承担开发的责任。过去在北爱尔兰的卡申登(Cushendun)和库申多尔(Cushendall),以及在威克斯沃思(Wirksworth)和德比郡(Derbyshire)非常成功的保护区概念可能还需要加强,而它的使用已经扩展到了城镇其他一些没有那么重要的传统区域(图1.3至图1.10)。其次,可持续发展鼓励对自然资源、野生动植物以及景观的保护。任何新的建材应当从可持续的资源中获取,像木材就应当从管理良好的可持续森林中获得。第三,在新建成地区,建设的模式要将分散的活动区之间消耗能量的出行减少到最少,同时还要减少建筑内部运行消耗的能量。

未来的发展必须满足国民对食品、矿物、住宅以及其他建筑的需要。

不过,重要的是,这种发展应当遵从环境的目标,并符合可持

图 1.3　北爱尔兰，卡申登，
　　　　保护区。
图 1.4 和图 1.5　北爱尔兰，
　　　　卡申登，由克卢·威
　　　　廉斯·艾勒斯
　　　　(Clough Willians–
　　　　Eills) 设计的一组
　　　　建筑。

1.3

1.4

1.5

1.6

1.7

1.9

1.8

1.10

图 1.6　北爱尔兰，卡申登，由克卢·威廉斯·艾勒斯设计的一组建筑。

图 1.7　库申多尔，克卢·威廉斯·艾勒斯设计的典型建筑。

图 1.8 至图 1.10　德比郡，威克斯沃思，保护区。

续发展原则所确立的准则。任何新的建筑应当通过灵活的规划设计以适应其使用年限中不同的使用要求。交通系统服务与新的城市结构，将不得不"在服务经济发展和保护环境、维护未来生活质量之间寻求平衡"。(英国环境部,1994d)

对建成环境进行重新整理以满足可持续发展的需要,对城市设计专业是一个独特的挑战。同样,经济增长也面临相同的前景,它必须在提高生活水准的同时使城市更富可持续性。

第二章 能源与建成环境

本章的主题是节能建筑的设计:这涉及将污染最小化的建造过程的发展。在对保护以及 "建筑永恒之道"的传统进行探讨之后,本章将分析可改造的建筑形态以及与地区文脉相适应的、有活力和灵活的建成环境的发展。

众所周知,全球的变暖和臭氧层的消失正在以极快的速度进行着。温室效应和臭氧层空洞是对人类最具威胁的两大污染。这种大气层的污染大多是由燃油引起的,以产生能源支撑城市生活。然而,令人震惊的是,这些显然并非是这个星球上由现代生活方式滋生而来的惟一环境危害。其他危害包括:水源的污染、过度的环境降水、大的河口三角洲沉积,酸雨和城市中的空气污染。引起环境恶化的污染大多可直接归因于建造过程。全世界生产的近半数氯碳氟化合物[CFCs(chlorofluorocarbons)]用于各类建筑中,作为空调、冰箱及灭火系统的一部分,同时,一些绝缘材料的生产也依赖于氯碳氟化合物。50%的世界燃油消费与建筑物的维修和使用直接相关。而且,生产建筑材料、把材料运往工地以及这些材料作为建筑的一部分矗立起来的过程中都要使用能源。仅建筑物的维修和使用一项就导致产生出世界50%的二氧化碳,等于温室气体的1/4。不过,设计师、开发者和建筑的使用者们通过仔细选择环保的建筑材料,采用明智的设计方法,合理的保护和使用建筑,再加上敏锐的规划控制,就可以减少相当数量的污染物进入到环境当中来。

建筑工业中的能源消耗主要有两种方式: 能源资本投入和能源支出(Vale and Vale,1993)。能源资本投入即在建造建筑物和城市基础设施时所使用的能源,而能源支出是指建筑终生所消耗的能源。建设过程以另外一种重要方式影响着环境。天然建筑材料的提炼和生产对于景观有直接和显而易见的影响。生产混凝土原料及黏土砖所必须的采石场给环境带来破坏性的后果。往往在最令人难忘的景色中,这些刺目的疮疤却维持数十年。来往于这类采石场的道路则加大了对周围环境的破坏。考虑到一座建筑物的设计和建造必须基于一个可持续发展的世界，需要对这三个因素加以平衡，以对建设过程对自然环境产生的影响达成一个成熟观念(图2.1)。

图 2.1 汽车产生的污染。
(a)提供道路建设所需材料的采石场；
(b)estaleiro：道路和基础设施建设的材料堆场，这里曾是一片辽阔的葡萄园；
(c)废弃的汽车垃圾

建筑的永恒之道

我们不必为可持续建筑的理念探寻过深：它们普遍存在于我们失去的建筑传统中。然而，解决目前环境问题的方法不大可能在"重大建筑"的传统观念中找到；它们更有可能与"平凡建筑"，即萨默森(Summerson)所称的日常建筑相关，这些建筑在城镇和城市中常常占据了大部分。过去的纪念性建筑肆意挥霍资源，它无法为今日和明天的绿色建筑提供参考的典范(Vale and Vale, 1991)。城市规划学家必须转向本土建筑或"建筑的永恒之道"以作为启发和指导(亚历山大，1919)。然而，纪念性建筑已经成为了城市景观的一部分。希腊神庙、中世纪大教堂或文艺复兴宫殿在城市、城镇甚至村庄中占据主导的位置，但这些城市环境的主体中只存在着少量的平民建筑。优秀的城市设计，即对公共空间的组织不需由伟大建筑作品的罗列而生，而通常来自于将不那么雄伟的住宅与商业建筑、教育建筑及其他城市功能设施令人愉悦的组合在一起。过去的社会曾试图用雄伟的建筑作品来装点他们的城市，以象征团结、力量和地位。这些建筑是社会在经济、农业、征服及开发活动中所创造的剩余财富的产物。在一个持续性的节俭型社会中，强调一个"绿色社会"可以借助于建筑找到表达它哲学和存在理由的某种方式是不合时宜的。除非人类退回到茹毛饮血的时代，那样，时间、地点和资源的探索只是为了更高形式的艺术、音乐和建筑。但是，本书无意于去探讨在未来的绿色城市中纪念性建筑的地点和形式，只是认为它是有可能继续存在的。本章的意图在于提供一些可从本土建筑传统中学到的经验(图2.2至图2.5)。这些过去的建筑传统营造出许多悦目的城市环境，因此，论述寻求的不仅仅是功能主义哲学，尽管也许这很重要。但它遵从的是文艺复兴对优秀建筑以及其姊妹艺术——城市设计的定义，也就是坚持"实用、坚固、美观"(沃顿，1969)的原则。

图2.2 本土建筑
(a)奇平卡姆登(chipping Campden)中的村舍；
(b)奇平卡姆登

2.2a

2.2b

2.3a

图 2.3　(a) 圣三一的市政厅，金斯林（King's Lynn）；
　　　　(b) 斯蒂普希尔（Steep Hill），林肯市
图 2.4　(a) 德贝郡；
　　　　(b) 凯特尔韦尔（Kettlewell），约克郡

2.3b

2.4a

2.4b

2.5a

2.5b

图 2.5 (a) 霍克斯黑德（Hawkshead），坎布里亚郡；
(b)Speke Hall,利物浦

保护

在前工业社会,除行政、市政或宗教等重要的纪念性建筑之外,建筑工程绝大多数是因为有一个实际的需求而得以实现的。一座新建筑,无论是代替原有的建筑或是它的扩建,并非轻易就可进行。这与今天或之前所盛行的状况形成鲜明的对比。内在的陈旧显示出这个社会随声附和的特征,它改换建筑和建筑形式就好像赶新潮换衣服那样容易。不过,建筑工程在实施之前,一定程度上仍需要有一个已知的需求或一个经济上的理由。然而,在这个消费社会,经济的增长在某种程度上依赖于个人获取最时尚的人工制品的愿望和能力,无论它是最新款的汽车,还是住宅更高的空间标准和家用设备。"跟上同伴"确保了新品的快速更替,去年的产品典范常常在还有多年使用寿命的情况下就被扔进了今天的垃圾箱。这种态度同样渗透进了建筑工程和开发产业,在这里,建筑物的设计是为了迎合及时的需求,建筑被放在最方便、最易开发的绿地中,车辆也易于通行。就建筑在整个使用寿命内的能源需求和使用或一个特定的开发项目对全球生态系统造成的破坏性影响而言,目前对这种用完即弃的建筑的经济评价并没有包括一个完整的环境评估。因此,未来的经济账和环境账都会大打折扣。

绿色城市设计的一个原则是:不要建造建筑,除非有绝对的需要,并调查是否有满足这种需要的其他方式。任何一个控制开发的官员必须遵守的首要准则应该是,先假设任何"新建"的项目都不成立,尤其是在一个有暗线管道的地块中。在一个可持续发展的城市里,提供新开发项目需求的责任由开发商承担。在这种情形下,保护是以持续性作为终极目标的发展哲学的自然产物。保护包括对现状建筑进行扩建、改建以及移作他用:推倒一座建筑只有在进行了详细的环境评估后方可进行

28

（图2.6和图2.7）。保护优先、反对破坏和更替的原因在于我们孜孜以求的是能够有效、节约地利用资源，特别是不可再生能源的政策。

"建或不建？"以及"保护、推倒还是重建？"，这些问题的答案并不像上一段中所说的那么简单。现状建筑代表着能源资本投入的数值：推倒它们往往意味着资本的流失，除非一些材料可以再利用，不过通常也是作为一种低级的资本，例如碎石或填料。然而，现状建筑在维护、购买新设备以及保温方面或许也需要投入能源资本，或可能需要巨额的能源资本支出来维持旧机体的正常运转。任何以新建筑取代旧建筑的活动都需要拆除的能源资本和建设的能源资本。然而，一种使用无动力能源或太阳能的新建筑可能几乎不使用不可再生能源，因此也就无能源资本投入。绿色的城市设计要求任何的开发项目提议在其整个使用年限中都有一份能源影响报告，从这种报告的分析当中就可以更清晰地判断出开发项目更符合公共利益而非以私人赢利为目的。因此，能源影响报告应当作为城市设计的一种标准方法。

从过去可以找出许多建筑再利用、翻新和扩建的例子。在前工业城市里，一座建筑无论多么有名，也需要为新的目的而改

图2.6　The Lace Hall，教堂改造，诺丁汉

图2.7(a) 和 (b)　教堂改造为商店，斯坦福德

2.6

2.7a

2.7b

造,但却毫无现在我们进行改造的那种感觉。例如,一项对大量英国教区教堂的调查显示,它们都是经过许多世纪发展而来的多种风格的混合体。在扩建的时候,旧的墙体、细部和材料都被重新利用,而将最新的风格纳入到原有的质感中,并不考虑对原有建筑整体性的破坏。其结果就形成了一个被后代所称羡的精美建筑。中世纪城市最常见的特征就是住所以多种方式再利用。一旦新的建筑需要,较早建筑的部分木结构就会重新加以使用,而在有的城镇,例如斯坦福德,从18世纪起就有整个中世纪的结构隐藏在一个后加立面下面的情况(图2.8)。甚至在最为古典的建筑物,帕提农神庙内,部分构件也是从一座更老的庙宇中移植来的,这些构件在这座如今矗立在希腊雅典卫城上的神庙里被重新利用(卡彭特,1970)。这些例子给予我们的经验不是对那些美学形式的关注,尽管其结果常常是伟大的建筑作品,而是一种常识性的方法,以达成有效管理财产以及利用稀缺资源的理想:就建筑而言,稀缺资源就是形成建筑结构的那些难以获取的材料。这和今天一些保护项目所持的态度多么不同。通常,维持一个美学价值尚不确定的立面要求在时间、金钱、能源方面投入巨资(图2.9至图2.11)。在被保护的外壳下,建筑内部被拆除和改造以作他用。这是一种非理性的保护措施,在此并不提倡。如果能源保护建议对外立面进行改造,这种情况往往是为了有效的保温隔热,那么在一个可持续发展社会关于建筑未来的决策中,这一因素应当优于美学上的考虑。尽管动机不同,这种做法与斯坦福德的住房改造是同一种地方传统。在哪里才能找到一种更好的保护模式呢?

图2.8 18世纪的立面,斯坦福德
图2.9 立面保护,阿姆斯特丹

2.8

2.9

2.10a

2.10b

2.11a

2.11b

图 2.10　(a) 和 (b)　立面保护，诺丁汉
图 2.11　(a) 和 (b)　立面保护，诺丁汉

建筑材料

所有的建筑材料都来源于地球。一些材料，如黏土和泥浆仅仅需要人们把它们烧制成形即可。这个星球上绝大多数人都生活在以土壤为原料建成的房子里(芒福汀，1985)。这种建筑可以在结构上达到非常高的高度，例如尼日利亚豪撒人的工程壮举(图2.12至图2.14)。黏土可以以多种方式进行利用，这些方式涵盖了广泛的建筑风格和审美趣味(威廉斯·埃利斯等，1947；圭多尼；

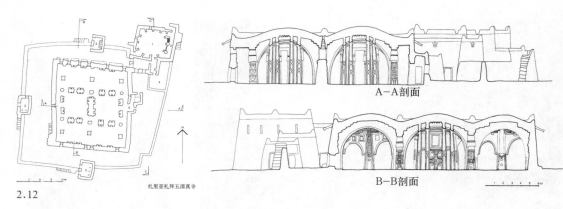

A—A剖面

B—B剖面

扎里亚礼拜五清真寺

2.12

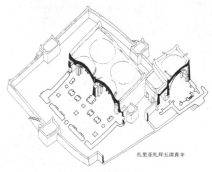

扎里亚礼拜五清真寺

2.13

图 2.12　礼拜五清真寺，扎里亚：平面和剖面
图 2.13　礼拜五清真寺，扎里亚：轴测图
图 2.14(a) 和 (b)　礼拜五清真寺，扎里亚：室内

2.14a

2.14b

1975；德蒂尔，1981)。不过，黏土作为一种低级的建筑材料主要用于发展中国家的城市发展初期进行的低层次开发，为贫民窟的穷人们提供住宅。黏土造成的房子对环境影响最小：它接近建筑基地，所以不需要运输的能源开销，而且一旦不再需要，建筑还可以无污染的自然分解，回归自然。对豪撒人来说，死时埋葬在自家的房子下是习以为常的事。房子终将坍塌，变成坟堆。这可能就是可持续发展建筑的最终形式。

木材是另外一种建筑材料,过去曾给予人类良好的服务,许多伟大的建筑和优秀的装饰作品都与之相关。一旦以它制成的建筑寿终正寝,它仍可利用,是一种极适合于再循环的材料。木材可以"养植",也就是说可以种植、生长、收获和移植。一旦达到使用寿命,就如同黏土和土壤那样,可以回归土地而毫无污染。在中世纪的英国,木材是一种地方的、家庭种植的产品。而如今英国建造所需的木材进口则要在运输能源方面付出巨额的代价。发展英国本地的森林资源,持续提供建筑产业所需木材尚需时日。不过,英国要想达到成为一个可持续发展社会的目标,就必须把它作为国家的一个长期发展战略。发展本土的木材工业的一个收获是有可能在英国看到都铎王朝半木构建筑或斯堪的纳维亚优美的木构建筑的现代版(图2.15和图2.16)。

2.15

2.16a

2.16b

图 2.15　克里斯蒂安桑,挪威:
　　　　木构建筑
图 2.16(a)和(b)　克里斯蒂安桑,
　　　　挪威:木构建筑

大多数建筑材料既不像泥土那样环保,也不像木材那样可以连续不断地从当地资源中获取。建筑物破坏自然的方式有很多种。建筑材料的提取、精炼、加工,材料到工地的运输过程,以及建设过程自身都会消耗不可再生资源并产生污染。确定怎样的建筑材料组合能尽量少的引发环境危害是一个相当复杂的问题,而且还牵扯到如何去平衡互相争夺的需求。一切附加物本质上都是对自然环境的破坏。就地使用泥土和当地木材破坏最少,也是最"自然"的。任何其他材料的组合破坏性都会更大。绿色城市设计领域所从事的工作应当试图降低和减弱发展所带来的破坏作用。从这种意义上来说,绿色城市设计是在追寻一种更为可持续的形式。

　　建筑材料的选择首先要考虑它在生产过程中耗费的能量。"一种建筑材料能源消耗的程度可以粗略地视为其绿色程度的指示"(Vale and Vale,1991)。根据能源的消耗程度,建筑材料可分为三类:低、中、高耗能材料(表2.1)。表中所示材料的能量是以每

表2.1

材料的能耗(Vale and Vale,1991)

材料	能耗:kWh/kg
低能耗材料	
砂、砾石	0.01
木材	0.1
混凝土	0.2
砂、石灰、砌砖	0.4
轻质混凝土	0.5
中能耗材料	
石膏板	1.0
砌砖	1.2
石灰	1.5
水泥	2.2
矿物纤维保温和隔热材料	3.9
玻璃	6.0
瓷器(卫生洁具)	6.1
高能耗材料	
塑料	10
钢材	10
铅	14
锌	15
铜	16
铝	56

千克、千瓦、小时来度量的。建筑工程常大量使用低耗能材料,如砂和砾石,而像钢和塑料这种高耗能材料则用量不多,往往精打细算。因此如果不知道建筑工程中采用的各种材料的重量,就很难确定所提议的结构形式中能源消耗的程度。表2.2显示的是三种建筑类型能耗程度的估计值。如果这一分析准确,似乎可以说明到目前为止,小规模的和大型传统类型的建筑能耗最低。这暗示着一种向与前工业城市相联系的传统或更类似于家庭尺度的建筑形式的回归,这类建筑最高不超过四层。在前工业城市里,更高的建筑并不常见,而且仅限于公共建筑或者为宗教、政治和军事服务的建筑。

表2.2
三种建筑类型的能耗程度(Szokolay,1980;引自Vale and Vale,1991)

	kWh/m^2
住宅	1000
办公建筑	5000
工业建筑	10000

一种建筑材料的能耗由提炼过程的特点决定,例如土壤、泥浆或黏土的能耗为零,而当它们被烧制成砖块,其能耗就成了0.4kWh/kg。材料越接近其本来的形式,其能耗就越低。一般说来,低能量材料的污染性较小,因为生产它们的过程中耗费的能量少。可以这样说,在其他条件相同的情况下应当使用低能量材料而不是那些高能量材料。这个过度简单化的结论有很大的局限性。一些保温隔热材料能耗高但重量轻,因而能耗密度低。更为重要的是,这些材料如果使用得当可大大降低建筑使用年限内的能量需求。在这种情况下,工程材料的消耗是一次性投资,因而节约的能源大于能源资本的投入。显然,不仅应当鼓励在所有新开发项目中使用高级保温隔热材料,而且应写入规范并在所有的新建项目中严格执行。在欧洲,我们应当达到的标准是丹麦、瑞典这些国家,它们对抗严寒冬季的经验值得借鉴。同时,双层或三层玻璃窗应作为一项标准,而传统的门廊或又大又舒适的门厅应成为所有家庭的标准样式。

在选择绿色建材的时候,另外一个非常重要的因素是材料运输到生产地点及建设工地过程中的能量消耗。例如,木材作为一种潜在的绿色建材必须依赖进口,运输过程中的能量消耗导致了环境上的代价。或许再次借鉴前工业城市建设的传统会有所帮助: 这并非怀旧想重返一个神话般的黄金时代,而是坚持对可持续发展形式的探求。这个国家有丰富多彩的本土和地方建筑史。英国的地方建筑深深的镶嵌在固有的地质地貌中(克利夫顿·泰勒）。从切斯特的木制和泥制外饰面；肯特郡的红砖墙；科茨沃尔德的蜜黄色石材，到约克郡嶙峋的石头（威尔士王子，1989），建筑景观多样。然而，本文并无意于赞美繁杂的本土建筑的美学价值和优点，这在欧洲其他国家也可以找到，而是想弄清楚为什么会这样发展，并看一看在一个探求更可持续未来的世界里，哪些情况更行得通（图2.2至图2.5）。

　　直到19世纪和随后的工业革命以前，住区建造所用的材料大部分都是从地块附近获取的。譬如，在18世纪，浴室是用拉尔夫·艾伦（Ralph Allen）城内的开发商在那儿的采石场所发现的浴石修建的。约克郡，包括它宏伟的约克大教堂所用的都是当地产的约克石；而爱丁堡，矗立在前寒武纪灰色的花岗石之中，就和支撑它城堡的岩石一样。使用当地建筑材料的原因是不需要到太远的地方寻找。在出行极其困难和其他费用相比运输费用高昂的时代里，利用手边的材料建造房子似乎合情合理。受当地建材的限制，最新的建筑风格直率而易读。特殊、非当地产的材料也时有采用，但由于数量稀少因而比较珍贵，仅用在装饰性的工程中（芒福汀等，1995）。甚至在19世纪也很少使用国外非本地产的材料。在砖成为一种全国广泛使用的普通建材的时候，是土产砖支撑着本地市场。诺丁汉传统的鲜红色，接近朱红色的压制砖或伦敦普遍使用的浅棕色砖都可说明这种普通材料的地区多样性和不同的使用方式。显然，人们总是强烈倾向于选那些起源于当地的材料，但这种态度会限制城市工程建材选取的绿色环保标准。城市可持续发展最初依赖于使用当地材料的作法应根据其他情况，如合适的当地材料的有效性以及运输的资本能源投入相对于加工制造的能源耗费量之间的平衡，加以调整。建筑材料的本地化会导致建筑模式总是特别接近本地区建筑的传统样式，在将来一个充分完善的可持续发展社会，这种情况将不多见（Amourgis，1991）。

　　材料，如石材和砖，需要劳力的消耗来成型、打磨和砌筑。这些过程中所消耗的能源是完全可再生的，而且增加就业，使社会多余劳力获得报酬。这种作法满足了可持续发展社会的一个重要目标，即寻求更加公平的政策：

　　一个基本的绿色原则为，劳动力是可再生资源。可以以这种方式，特别是专业技能的形式替代材料及生产过程中的高能量支出，这种做法在环保上是可取的。另一个原则是能源的支出离需求的距离越近越好。最初的村庄和贵族阶层都配备了自己的铁匠、兽医、裁缝、木匠以及工匠、鞋匠、高利贷者、草药医生、建筑商等等，大量的食品也是自给自足的[福克斯和穆雷尔（Fox and Murrell），1989]。

这里并不提倡封建制度的回归,一个可持续的建筑工业的模式也许在组织结构上更接近于它的替代品或目前造成第三世界城市膨胀的非法建筑经济,而不是正忙于拓展英国高速公路的工程业。显然,未来的建筑工业不会致力于发展大规模的预制建筑,而这作为一种结构体系,是现代建筑运动先驱们思想的合乎逻辑的结果。

都是大规模生产的构件,但愿不会如此! 在建筑师的头脑中,大规模生产的住宅也许会存在某种问题,……例如净高的模数会固定结构框架内所有构件的长度:柱、梁、隔墙饰面、幕墙、一些门窗等等……所有这些构件都必须依据大规模生产所规定的模数。没有工厂化的制作,它们甚至也能毫无疑问地达到质量要求:精确、安全、适用,甚至美观。(勒·柯布西耶和德·皮埃尔费乌,1948)

或许建筑工业在环境上最直观的效果就是那些采石开山带来的破烂垃圾堆和劣质景观。南威尔士布莱奈费斯蒂尼奥格(Blaenau Ffestiniog)的大型板材采石场、德贝郡的采石场或采集建筑用黏土遗留下来的疮疤都是掠夺式的建筑工业造成的(图2.1)。建筑工业的一个重要部分是建造、维修、改造国家道路体系所需的市政设施。英国政府在1994年对增加道路的要求提出质疑,认为增加道路远未解决增加通行、减少拥堵的问题,只是简单地去改变堵塞的地点并刺激了汽车出行的大量需求,认识到这一点是可喜的,尽管有点迟。早在20世纪60年代对交通需求的发生和道路建设程序之间关系的理解就已有表述[雅各布斯(Jacobs),1995]。除过度使用汽车对城市和全球大气层造成破坏外,道路的修建也吞噬了大量建筑材料。对这些建材日益增长的需求蚕食着山坡,在那些曾经优美的景色和道道麦田中留下了越来越大的采石场。单从这个意义上讲,除一些小规模的、促进城镇中心交通宁静的地区改善计划外,所有新建道路安排都应延期考虑。

因为需要减少二氧化碳的排放,所以在投资建设新建筑时更要适当考虑到长使用寿命和低能耗。使用低能耗建筑的例子有皇后大厦、工程与制造学院、莱斯特·德蒙特福特(Leicester De Montfort)大学,阿姆斯特丹NMB银行总部(图2.17至图2.21)。与此同时,现有建筑如在热工标准方面不足还应升级换代。这两项战略的实施很可能要求在高能源价值的材料上有较大的一次性投入。不过,这样一来就可减少长期的能源支出,也就是说,在建筑的整个使用寿命过程中节省了能源。由于树木从大气中吸收二氧化

图 2.17 皇后大厦，工程与制造学院，莱斯特·德蒙
       特福特大学。
图 2.18 和图 2.19 皇后大厦，工程与制造学院，莱
       斯特·德蒙特福特大学
图 2.20 和图 2.21 阿姆斯特丹 NMB 银行总部

2.17

2.18

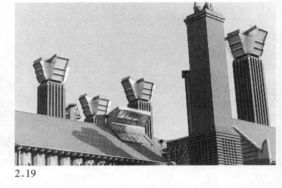

2.19

2.20

2.21

碳，植树在某种程度上可以抵消一部分建筑的资本能源消耗。种植
足够数量的树木，以平衡材料生产过程中的二氧化碳排放，这样在
理论上就可以发展一个可持续的建筑工业。例如一套典型的三房
住宅在材料上的能源消耗等于排放了20吨的二氧化碳，需要20棵
树用40年的时间才能抵消(Vale and Vale,1993)。向一个可持续发
展的文化目标而努力所必须遵循的一个战略原则是：以征收环境
税的方式将新项目的开发计划与植树计划联系起来；以瑞典或丹
麦的经验为基础,制定标准更加严格的建筑热工规范;依托当地材
料,努力发展劳动密集型的建筑工业。

建筑设计

除材料之外,还有很多因素决定着一座建筑的绿色程度。赋予建筑的绿色标签反映了建筑在整个使用寿命中的持久性和低能耗,同时绿色标签还取决于:与通达方式相关的建筑区位;建筑围护结构的几何形式;建筑与基地的关系;使用者和建造者以何种方式与建筑相联系。

建筑的可达性问题将在第三章对城市交通的考量中做更为深入的探讨。目前可以充分指出的是,坐落在城市周边公园里的绿色建筑,而只有靠完全是私家车使用的道路才能通达,这毫无疑问是自相矛盾的。建筑通过绿色所节省的能源在建筑整个使用期限内又被维修保养联系使用者的道路损耗掉了。绿色建筑的第一要求是它的区位,其尽管使建筑的绿色意义有所减退,但仍应尽可能接近公共交通系统,或位于相关的重要活动在步行和自行车范围内即可到达的地点。根据将交通能源使用费降至最低的要求来排除其他的区位,这是设计及开发控制环节首先应当考虑的因素。

一座耐用的建筑可以在使用期限内满足多种用途或稍加改动即可适用于多种不同的活动,这样就可以避免和减少为满足变化的需要而拆除和重建建筑[本特利等(Bentley et al.),1985]。建筑设计通常是满足某一个特定的业主或组织的需要。这导致设计师为其客户所设计的建筑具有高度的特殊性。在这个过程中,主要考虑到目前使用者的要求,很少考虑到公众,更根本不会考虑到子孙后代。以这种满足特定需求的方式设计出来的建筑很难适应变化的需要。传统的耐用设计以乔治王时期或摄政时期的回廊建筑为代表,这最初是为中产阶级或上层社会的家庭设计的。在很多城市,18世纪的精美门廊、回廊建筑已经被改造为办公建筑或多户住宅。例如,利物浦的阿伯克朗比(Abercrombie)广场,回廊三侧的建筑已经根据大学的使用情况而作了改造(图2.22)。城

图2.22 利物浦阿伯克朗比广场

市设计的绿色准则其支持和主张是以乔治王时期回廊建筑为代表的耐用建筑作为解决方案，也就是说，建筑设计在几何形式和内部组织结构上都要能适应不同的用途变化。

应当不使用不可再生资源而达到建筑形式的灵活性：最好有超级的保温隔热性能，用太阳能取暖，有自然的采光和通风。只在必要的地方使用空调，例如医院，即使是在热带地区。可持续性和灵活性原则赋予设计者复杂的问题和巨大的挑战。我们再次转回对全球温带和热带地区的传统建筑形式进行考察借鉴，以此来探寻创新且简洁的城市建筑的发展前景。

可持续性严格法则的第一个制约是建筑物的最大高度通常为四层。在这个高度里，一个身体健全的人无须借助于电梯即可从事包括居住在内的大多数类型的活动。一些热带国家，甚至在部分地中海地区，就使用者的舒适性而言，四层或许太高了，再低一点可能会更合适。不过，或许需要对建筑的结构进行组织，使得首层或二楼可以满足那些有特殊需要活动的使用要求。在温带的气候条件下，建筑的进深取决于所有主要房间都可获得良好的日照。建筑室内距外墙4米以内的地方光照条件最好，所以建筑物最佳的进深应在9～13米(本特利等，1985)。一座9米进深的建筑可以设计为中间一条走廊，两侧是房间，这些房间均日照良好，而超过13米宽的房子在房间深处会有过多的空间日照条件比较差。9～13米进深的平面可以有多种不同的布置方案，这样就可以满足不同使用者的需要。许多学者建议可持续的城市应为混合的土地利用模式(Vale and Vale，1991；欧文斯，1991)。他们主张建筑应综合多样的活动内容，这样，城市就可以在一天内所有的时候都保持活力。例如，如果街区是8～10米宽，把建筑设计成一座公寓和办公的综合体更可能获得成功。建筑如果大于这个宽度，做成两侧是住宅单元就不太合适了，尽管这种形式在英国的气候条件下是最为灵活的居住样式，但此时最重要的是让阳光照射到所有主要房间。作为双侧居室来说，各种朝向一般都是可以接受的。因此，在可持续的北欧城市，标准的建筑街区进深为9～13米，高度最大为四层，并拥有一个防雨雪的传统形式屋顶，同时还提供充分的保温隔热性能。

潮湿的热带地区气候条件恶劣，因此良好的自然通风非常重要。这种环境对建筑的平面和剖面设计提出了特定的要求：如果不使用空调，理想的作法是建筑在进深方向只有一个房间，一侧有一条走廊，两侧均可敞开，以确保有足够的穿堂风，尤其是要避免使用空调的时候。反之，在干旱的热带地区，传统的建筑样式通常有很深的内部空间，光照和通风取自二次能源[芒福汀，1985；柯尼希斯贝格尔(Koenigsberger)等，1973]。

设计能加以改造以适应不同用途的绿色或耐用建筑的一个关键要素是楼梯及相关设施。楼梯、平台及服务管道通常成组布置,供不同楼层的单元使用。如果一幢建筑因改变使用功能而被改造,由于这些共用设施服务于同样的功能,所以可以保持不变。改造或重新装修过程中,改动这一要素代价最高,因而称它们为"固定区域",这些地方一般是固定的,而且必须放置在不限制其他空间使用的地方(本特利等,1985)。按照本特利等的说法,固定区域理想的间距是10~20米。这样,可灵活划分成不同的空间,包括小的独立办公空间,两侧为办公单元的空间以及大的开敞式办公空间。

这种有楼梯单元或者说"固定区域"的特定空间也可用于住宅建筑,比如,固定区域的间距为10米的建筑可以容纳两层式公寓房,面积大约为50平方米。如果固定区域的间隔20米,就可容纳同样面积的单层套房。

热量通过建筑的围护结构,即外墙、屋面和底板散失。而围护结构的构造又要使建筑能经受风吹雨打。假设所用材料相同,对于任何给定的建筑体量,围护结构的面积与使用面积的比值越小,则建设费用越少,而且建造过程中的能源消耗也越少,运营过程中的能源使用效率越高。建设时花费最少的能源资本,使用时需要最少的能源支出,这就是可持续发展的建筑。一般情况下,不可能同时完全满足这两个条件,通常需要在两个要素间寻求平衡。平衡的本质并没有改变两要素与建筑外形之间的关系,能源资本投入和能源支出以相似的方式受到建筑外部几何形式的影响。围护结构面积与使用面积的比值增大,这两个值也都将增大。因此,可持续建筑就是在使用面积一定的情况下,围护结构面积最小的建筑。单层建筑正方形的平面形式比长方形的有利,但从保护能源的角度来讲,两层、三层和四层的建筑又比前两者都更为有效。

我们已经就三维形式的建筑其保温隔热标准中能耗与建筑几何形式之间的关系进行了深入探讨。而在城市中通常不会是这种情况。我们已经讲过城市是由建筑和周围的空间组成的(芒福汀,1992)。从节约能源的角度看,有多种方式可供推荐。将小的单元组合在一起,选用半独立式住宅而非两个独立式住宅,或连排式而非半独立式住宅,这样就可以节省建筑外墙面积。进而,如果每个单元的平面形式由方形改为长方形,建筑正立面变窄,就可进一步节省外墙尺寸,随之使能源得到节省。将每个单元组合成三或四层的成套公寓房,就可最大程度的缩小外墙同时不需使用电梯。这个相当简单的论点先假设将条件不好或有特殊需要的住户安排在底层单元。

在当地的气候条件下,对建筑精心设计并使之运行良好,将可进一步达到节约能源的目的。在建筑与基地的联系艺术方面,有许多本土的传统值得学习。在寒冷气候的乡村,传统的住宅常常位于山脊下的南坡,受到山体上防护林带的保护。建筑的北面只开少量门窗,如果是农舍,还要有外屋作为庇护。主要门窗开在南立面上,最大限度地享受有限的阳光。这种建筑基地安排和内部空间组织的普遍方法减弱了寒冷冬季的恶劣影响,对绿色建筑设计而言是很有价值的经验。从这个例子可以看出在我们这样的气候条件下,建筑的理想朝向是长轴沿东西向布置。北面应安排一些不需要良好景观和采光的设施,以及取暖要求不是最高的房间,也就是说,建筑的北墙应当成为户外寒冷世界与主要居室之间的一道屏障。朝北向安排的设施类型应当是流通空间、储藏室、卫生间或是工作厨房。朝南应是起居室和卧室。南面开大窗飞非常可取,不仅可采光,而且提供了被动式太阳能的热量。

被动式太阳能可以提供相当于一座保温隔热性能良好的建筑每年所需20%的热能(Vale and Vale,1993)。正如罗伯特和布伦达·韦尔(Robert,Brenda Vale)在他们的文章中所指出的那样,利用太阳能对建筑的朝向是有要求的。因为南向是最有利的朝向,要获得有效的日照,开窗墙面的朝向必须在南偏东或偏西30度以内的范围内。然而,在我们这个极其重视个人隐私的国度,住宅建筑建设向南的大窗存在一些问题。特别是在住宅区,往往是正立面对着正立面。一户人家的正面俯看邻居的后院,这种布局在我们特定的文化里基本是不能接受的。长轴为南北向的联排式住宅,更适合于伦敦的气候条件。使用这种朝向布局,可以使一户的正面对着对面房子的正面,但同时两户的居室都有日照,一侧有下午的阳光,另一侧有早晨的阳光。设计大的南向窗户是为了吸收太阳热能,但如果能看到家里,住户将无法接受,并会简单地挂上纱帘以增加私密性。不幸的是,这种挂上窗帘的作法与设计大窗户进行取暖的初衷背道而驰。在对隐私要求不高的部分建筑里,如中、小学校、大学和办公室,可能会优先考虑朝向问题以最大限度地利用被动式太阳能。

阳光室,维多利亚女王和爱德华七世时期别墅的一个共同特征(图2.23和图2.24),再次大受户主的欢迎。其造价低以及文化上的认同性,使之成为了一种家庭利用太阳能的合理方案。它同时还形成了冬季室外天气与建筑室内环境之间的有效缓冲区,增加了房子的舒适性。阳光室最适于在南面、东面或西面设置。假如放在没有阳光的北面,暖房就成了一个毫无生气的地方,无论是坐坐还是休息,都会感到不舒服。如果设计不得当,即使位置良好,也会导致冬季的热量流失以及夏季的过热。暖房应适当

2.23

图2.23 和图2.24　The Orangery,
　　伍拉斯顿礼堂 (Wollaton
　　Hall),诺丁汉

2.24

通风,同时它所依附的建筑墙面应有良好的保温隔热性能,墙上的任何窗户都应为双层。建筑的设计中含有暖房或阳光室,为舒适空间的创造提供了广阔余地,同时也有利于节约能源。另外,作为一项设计手段,暖房或阳光室为建筑改造提供了一种新的选择。玻璃中庭和传统的街道拱廊,像暖房一样改善着室内气候。它们加强了建筑综合体内部的自然光,同时也成为了城市环境中赏心悦目的视觉焦点(图2.25至图2.28)。

　　从上述段落可以看出,可持续发展原则的应用将导致这样一种城市形态:一片平行排列的四层房屋,以最大限度地获得太阳能并形成最佳的开发密度。然而,城市内每项新建工程都为一个特定基地而专门设计。当前这种发展模式极大地限制了可持续性

2.25

2.26

图 2.25 和图 2.26　Leadenhall 市场，伦敦

图 2.27　购物中心的拱廊，绍斯波特（Southport）

图 2.28　中庭，伦敦墙

2.27

2.28

原则的应用及新建的项目沿特定的街道布置与周边特定的物业毗邻。正是这些现状限定了新项目的周边条件,同时也是实现节约能源原则的条件。即使是一片绿色旷野,当然这在一个持续发展的城市中应尽可能避免,也没有赋予城市设计师任意布置的权利。城市设计师不能忽视城市轮廓线、特殊的景观特征、地方建筑形式及细部这些内容,它们将可以激发设计师根据可持续发展的总原则为特定基地找到为文化传统所接受的解决方案。

结语　　　　对于那些探求可持续形态的人来说,本土建筑的传统中有许多经验可以学习。过去许多建设者在节省能源和环境保护方面积累了不少常识性的办法,值得借鉴(图2.2至图2.5)。对过去实践经验的研究总结出的第一个原则是优先考虑保护以及重新利用过去的建筑物、基础设施和材料。第二个原则是在建筑工程中应当使用当地地区性的建筑材料,尤其是生产、运输和建造过程中低能耗的材料。应优先考虑在生长和提炼方面具有可持续性以及那些提炼、表面处理和施工过程为劳动力密集型而非能源密集型的材料。第三个原则是要避免使用对环境造成危害的材料,以免留下不雅的破烂垃圾堆、大面积的采石场或光秃秃的雨林。当这种危害的恶劣影响一旦发生,就一定要采取措施减轻危害,同时新建工程必须附带植树计划以弥补建筑材料生产过程所引起的污染。第四个原则是将建筑与当地的环境条件联系起来。在寒冷的欧洲,气候的影响是相当重要的,建筑要有高标准的保温隔热性能;减少外墙的面积;建筑朝向太阳;合理组织室内,将储藏室和其他类似设施朝北作为缓冲;将暖房、阳光室放在南面、东面或西面。山坡上的房子部分或全部为泥土和植被覆盖,融于自然景观中而不突兀,同时最大限度地利用土壤自身的保温隔热性能。这种类型的工程愈来愈多,纳文(Navan)Fort的游客中心、阿马(Armagh)附近的the ancient seat of the Ulster Kings尤其值得注意。游客中心隐身于自然风光之中,巨大的土堡占据了景观的中心(图2.29和图2.31)。第五个原则是建筑设计要有灵活性,可容纳多种功能,平面布置灵活多变,可以适应建筑使用期限内不同使用功能的需要。最后,建筑应位于公共交通的路线上,与现有其他城市设施紧密联系。建筑应尽可能在建成区内以填补的形式建设或建在(Brown land)工业用地,即建在已利用地或荒地上。避免使用"绿地"或新的基地,特别在城市用地外围,在这种情况下应避免进行开发或考虑其他的选择。

2.29

2.30

2.31

图 2.29　纳文 Fort，阿马，
　　　　阿尔斯特（Ulster）
　　　　的古都
图 2.30　纳文游客中心建
　　　　筑藏身在植被覆
　　　　盖的土堆下，中
　　　　央靠天窗采光
图 2.31　纳文游客中心

第三章 能源与交通

引　言
　　本章探讨的是交通、能源与污染之间的关系。本章首先批判了基于小汽车自由交通，甚至是无阻碍通行的交通政策以及道路建设项目的投资优先政策。然后概括了可持续交通系统的优先发展步行、自行车和公共交通的特征。最后探讨了区域和地方行政管理架构对建立可持续交通系统的必要性，并强调了可持续交通系统的设计、发展和管理过程中公众参与的必要性。本章是论述城市意象形态的第四章和第五章的基础。

　　王室环境污染委员会的第十八份年度报告(1994)指出："持续不断的交通增长已经成为英国所面临的最严重的环境威胁，也是实现可持续发展的最重大障碍之一"。20年前，皇家委员会在它的第四份报告(1974)中，已经就因机动车和商用飞机数量的增加而可能导致的环境污染的危险提出了警告。因此，在1974年，"可以越来越明显地看到，如果不将道路工程的建设扩展到一个不为社会所接受的规模，要满足无限制的机动车使用需求将是不可能的。"该委员会建议："因此，我们希望在某些地区通过强制限制机动车的使用来保护地方环境。这不仅可以减少汽车的废气，而且对另一个更严重的问题——汽车的噪声，也可以起到降低的作用。"

　　在王室污染委员会发布这第四份报告之前的11年，布坎南(Buchcman)《城镇交通》的报告(布坎南，1963)已经明确指明了都市区交通的增长可能引发的问题。布坎南同时还受邀就交通对环境质量的影响进行调查，尤其研究了噪声、气体、气味、建筑物震动、车祸以及视觉侵扰等方面的问题。然而，在这些研究里，并没有包括交通污染对气候的更广泛的影响，也没有包括当时就已经出现的能源危机的影响。布坎南预言到2010年，汽车将可能出现极度饱和。小汽车的饱和意味着想用小汽车的人都能拥有小汽车。根据这个概念，到2010年英国小汽车的总数将达到3700万，也就是预测的2010年7400万总人口的一半。布坎南警告说，没有什么比低估私人交通的需求以及这种需求对环境产生的影响更危险的了。

布坎南的报告将机动车视为人类生活中不可缺少的一个部分。同时，报告还假设小汽车的数量和出行量都将会增加。对于人和货的地面运输来说，小汽车拥有体积小巧、活动自如、自备能源和高度灵活等诸多优点，没有人愿意放弃使用它。他进一步谈到小汽车将会在一些方面进行改进，但是所有关于小汽车的具体用途，都会表现出目前机动车使用过程中存在的大部分问题。其中最为严重的问题是小汽车的使用将在10年内破坏我们的城镇。在采取任何限制性的措施之前，人们有理由充分的了解在城镇推行机动化可能会产生的后果（布坎南，1963）。很难确定布坎南对小汽车拥有量增长预测的盲目接受是否源于其后被一再证明是正确的现实主义以及布坎南与其同行所做的预测是否会成为一个自我实现的预言。

　　诺威奇（Norwich）是一座拥有杰出建筑遗产的城市，在关于它的研究中，布坎南的确指出了无限制的可达性与高品质的环境保护这两者之间的不相容性，"……主要的原则是非常清楚的，如果环境是第一位的，且不允许在城市内进行大型的重建工作，那么交通的可达性就必然要受到限制。一旦这个简单的真理得到认可，规划就可以在现实的层面展开。这样，要提供什么层次的可达性以及如何处理这些可达性就成为了问题的主要方面，而要确保公众对这些境况的了解也就成为了一个公共关系领域的问题。"布坎南在利兹的研究使他得出这样的结论："在这种自然条件和规模的城市里，在机动车饱和的情况下，要以机动车的无限制使用为导向制定规划是无论如何不可能的。"布坎南关于伦敦Marylebone地区的研究，经常被作为批判《城镇交通》的基础。一些批评家认为，机动车道破坏城镇发展的观点起源于布坎南的研究。在对Marylebone地区的研究中，布坎南提出了"环境区"的概念，这是一个大约4500英尺见方的区域。环境区虽然不是步行化的，但却是一个限制机动车、步行优先的环境质量优秀的区域。它为大运量的道路所包围，交叉口间断较少，交通顺畅。布坎南经计算确定，一个这种规模的环境区产生的最大出行量为每小时12200辆小汽车，而这些交通量将可以被其周边的主要道路系统所吸纳。但是，他发现这一系统既不切乎利兹的实际，也完全不适合像诺威奇这样的城市。正如霍顿·埃文斯（Houghton-Evans，1975）非常公正作出的结论谈到的："布坎南已经证明了，当城市超出一定规模后，以私人交通为主进行城市的规划设计是不切实际的，至少在较大规模的城市，还是必须要继续较多地依靠公共服务。令人遗憾的是，在城市更新的实践中，除了一些空洞的口号之外，基本看不到对他所强调的这一原则的贯彻和理解。同样令人遗憾的是，他错误地仍然把驾车优先作为他公共交通研究的依据。"

20世纪六七十年代,有很多理论家和实践家都在积极地讨论满足无限制机动车使用需求在客观上的不可能性。这个简单的命题之所以被提出,是因为修筑新道路的方法不仅远远解决不了问题,还会导致新的交通量的产生,并把交通堵塞的难题转移到道路系统的其他部分,使情况更加恶化。尽管简·雅各布斯(Jane Jacobs,1965)的《美国大城市的生与死》一书很有影响,但当时的交通研究仍然沿袭着通过耗资庞大的OD调查建立交通流的计算机模型这种做法。这些模型随后被用来为拆除昂贵的城市基础设施以及更加破坏性地拆散社区的行为进行辩护。为了避免机动车对城市造成的这些破坏,雅各布斯提倡严格的交通管制,包括拓宽步行道的宽度,降低车速,不鼓励机动交通进入非必要区域等。这些建议的提出比交通宁静政策为英国部分城市所采用的时间要早30年,也是荷兰所实行的Voonerf政策的先驱(图3.1和图3.2)。

3.1

3.2

图 3.1　Voonerf,阿姆斯特丹
图 3.2　交通宁静,莱奇沃思
　　　　(Letchuerth)

由于城市的机动化和交通问题不能通过花费高昂的代价建设更多条道路来解决,这种解决办法不仅不为社会所接受,同时也不是最终解决问题的办法,因此,我们有充分的理由来限制城区的交通可达性。英国交通部和环境部在20世纪最后也承认建设更多的道路解决不了都市区的交通问题[加齐(Ghazi),1995],这种态度的转变也反映在目前政府一些大臣的公开言论中。

对使用交通燃料而产生的污染的研究,促使了人们对城内及城际人流和物流问题的态度转变。正如我们所看到的,污染对全球气候的影响加剧。繁忙的地方道路造成的污染也影响着当地的环境,进而对身体健康产生危害。世界环境与发展委员会1987年报告和地球峰会1992年报告等官方报告以及不断高涨的环境运动,已经概括出了与交通污染有关的一系列问题,并建议采取广泛的措施来应对这些问题。这些措施包括向排污者征税;鼓励技术发展;在城市结构方面要尽可能使用公共交通、自行车和步行来减少交通的需求。布洛尔斯(Blowers,1993)提出了实现可持续交通策略所必需的四项主要运行机制:

1. 将污染水平控制在指定范围内的调节机制。

2. 通过税收和激励等财政机制,特别是征收能源税,将各种交通方式的真实成本(包括环境成本)反映出来,从而使能耗低、污染少的交通方式受益。

3. 诱导机制,鼓励研究和开发较高能效的交通工具和多选择性的交通技术。

4. 规划机制,更加强调土地利用与交通规划的综合及协调,旨在于减少交通出行的距离,来鼓励小汽车之外的其他交通方式的使用,并改善交通设施的通达性。

对于从事城市设计和规划的人来说,目前明智的做法似乎是倡导一些政策和规划,从而使普通大众放弃对机动车的喜爱。环境污染委员会(1994)列出了八个实现可持续发展的交通政策的目标,它们是:

(1) 确保各级政府建立一个与土地利用政策相结合的有效交通政策,并首先要将交通的需求减至最低,逐步增加污染危害少的交通方式的份额。

(2) 空气质量要达到保护人类健康和环境不受危害的标准。

(3) 通过削弱小汽车和货车的主导地位,并提供相应的替代出行方式来提高生活质量,特别是城镇的生活质量。

(4) 促使私人交通和货物运输,更多地采用环境污染危害少的交通方式,并更好地利用现有基础设施。

    (5) 禁止在具有保护、文化、景观和休闲价值的区域内因建设交通基础设施而造成土地的减少,除非该设施的建设是环境可行性方面的最佳选择。

    (6) 减少由交通运输产生的二氧化碳排放量。

    (7) 减少交通设施和汽车工业对不可再生资源的需求。

    (8) 减少由交通产生的噪声污染。

    以上每一个目标都结合一些量化的标准、系列的原则和明确的建议进行了详尽说明。实际上,这是一项艰难的议程,但王室委员会认为这是避免严重环境危害的必要条件,同时也为人们的谋生和休闲生活保留了可能性。可持续的未来要求对交通和规划政策进行根本性的改变,甚至有可能与目前的趋势截然相反。小汽车及其需求将主导未来城市形态的趋势将不再不可避免。我们所要做的一小步就是要接受这样一个观点: 良好的公共交通系统是可持续发展的必要条件,同时,公共交通的提供是21世纪城市政府理应关注的,可能也是最应当关注的内容。在可持续发展的思想框架下开展工作的城市设计师,不会专门为私人小汽车的自由通行来规划和设计城市的结构,并将公共交通放在较次要的地位;也不会强求公共交通与为小汽车交通设计的冷漠城市形态相适应。满足可持续交通需要的城市形态应该是为公共交通、自行车和步行道而设计的,机动车则扮演一个较为次要的角色。从中、长期来看,对私人交通的作用认识上的改变,将促成一场重大的文化变革,从而将对城市形态产生深远的影响。

扼要的重述: 问题的重申

    以下关于环境污染王室委员会报告(1994)的引述,将可以充分地说明交通的急剧增长所引发的相关问题:

    在英国,超过2/5的石油制品被用于道路交通……总之,在英国水陆运输产生的CO_2占人类活动产生的CO_2排放总量的21%,如果将为交通运输而进行的石油精炼和发电所产生的CO_2考虑在内,该比例则将占到24%。同时,道路交通产生的CO_2排放量占水陆运输排放量的87%……考虑到道路交通可预见的增长,交通方面的CO_2产生量将在未来25年内有进一步的持续增长……最近几年,交通基础设施的建设已经对环境造成了显著的破坏更为值得关注的是,目前所进行的干道工程将会造成景观的破坏、栖息地和物种的丧失、历史建筑和建筑特色的受损。要为政府1989年预测的交通发展水平提供充足的道路设施,需要一个庞大的道路建设与发展计划,计划的内容将超出目前干道工程的有关内容。

如果继续过去的发展趋势，那么在未来的25年中，人流和货流将可能每10年以25%的速度增长。王室委员会认为，采用可持续发展的交通政策至多只能容纳这个数目的一半。这就是城市发展领域的工作人员在不远的将来所必须关注的问题。

可持续的城市交通

未来可持续城市的培育过程将涉及一场重大的文化变革，这对很多人来说将意味着生活方式的改变，一种不再依赖于小汽车的生活方式。这场必然的文化变革的一个特性就是它的整体影响性，涉及城市区域、人口以及社会、经济、政治和物质的相关技术支撑手段等方面。视城市为一系列交叉、叠合的系统，是一种新的模式或新的方式，但如果可行，将形成由一系列相互关联并相互支持的政策所构成的规划机制。与其说可持续发展模式是一种资源配置的方式，或是道路工程师的解决特定交通问题的途径，不如说它是盖迪斯流派的规划师们一种整体或概要的方法。因此，对于本次讨论的目的——可持续城市交通的本质的讨论，必须在整个城市或区域的框架中进行。不过，可持续的城市交通明显需要一系列的因素来支撑，包括有利于公共交通的定价政策；管理制度的改变；循环利用材料等交通技术的改进；城市设计与建造技术的创新等。

可持续交通的策略

在进行决策的过程中，代内及代间的平等性以及地方的参与性，是环保理念的两块基石，也是可持续发展的根本基础。例如，对汽油的使用进行强行征税或对繁忙道路进行收费这两项措政策，单独推行就很不合适，将会对社会上较为贫穷的阶层形成较重的负担，也会加大贫富之间的机动性水平的差距。如果脱离了公共交通的发展，这些政策将与可持续发展的原则相背离(环境污染委员会，1994)。只有当政策及其成效为社会所理解、其法定为广泛接受，可持续发展才有可能实现："一次次地证明没有民主参与的'经济开发'是一句空话，除非个人可以参与到决策和实际的开发过程中，否则这些行动必将走向失败"(埃尔金等，1991b)。只有依靠人民，才有可能改善环境。一个成功的规划，不论是住宅规划还是道路规划，都必须始于人民以及他们的渴望和他们的需求，这是一个自下而上的过程。麦克唐纳(Macdonald，1989)建议："只有当人民能够在某些方面创造、管理、改变和参与到影响他们生活的活动当中，不满、疏远甚至疾病才有可能克服"。可持续发展的运动将重振社区、基本服务公共供给和规划干预的理念，以确保资源的公平配置。然而，这个议题的实现需要对目前社会的管理与组织方式进行根本改变：即将权力由中央政府向地区与城市下放，首先就是要向地方社区下放(芒福汀，1992)。

斯凯芬顿(Skeffington)的《人与规划》(环境部,1969)报告中的一些理念,为地方层面的交通规划中公众参与的角色提供了一个有用的研究框架。斯凯芬顿提出的一些建议在他的报告发布数年后已付诸实施。我们可以断言,在斯凯芬顿报告之后,公众对规划事务的了解更加深入。举行讨论规划设想的公共会议以及举办向公众宣传这些设想的规划展览,这些做法目前已经非常普遍。确实在《Planning for Real》(吉布森,1979)和《Do It Yourself Planning》(芒福汀,辛普森,1979)等的基础上,有许多居民积极参与规划的实例。然而,关于斯凯芬顿提出的一个激进的建议,却没有在任何结构的形态中得到实施,那就是社区论坛的概念。

斯凯芬顿的第四个主要建议是:

地方规划管理部门应当考虑为建立社区论坛而召集辖区会议。这些论坛将为地方团体提供集体讨论规划和其他地区重要事务的机会。社区论坛或许还会具备一些行政功能,例如接受和发布规划信息以及增强邻里的组织等等(环境部,1969)。

报告还建议在社区发展官员的任命中,应该包含那些不常参加组织的人士。很显然,斯凯芬顿提出"人与规划"的说法是为了将公众参与引入交通问题的处理解决方案中。

我们已注意到交通大臣已要求一些地方当局为他们的城镇制定交通规划,我们也了解到有部分规划也已经提交。这些规划涉及交通管理的近期措施,将对人民的生活经常性地产生相当影响,特别是对那些交通线路被改线的地区。如果这类规划在准备的过程中,职能部门没有提供公众参与的机会,而只强调了将会在今后的时机中提供相应的机会,我们认为这是不正常的(环境部,1969)。

对于规划领域里公众作用的阐述,《人与规划》是一本开创性的著作:我们当前的任务是为地方规划部门实施《城乡规划法》提出建设性的建议,以使公众能够参与到他们居住地规划的制定中。但是,尽管该著作具有众多的优点,市民参与领域的积极分子仍然对该报告表示失望。这种失望主要集中在斯凯芬顿所提出的思想的局限性,因为他接受了职业规划师和交通工程师所主导的当前的能源结构:这种思想有其局限性。一方面,规划的准备工作应由也必须由地方规划职能部门承担。另一方面,规划的完成过程——也就是将设想和决策法定化——是一项需要高标准专业技能的工作,也必须由地方规划职能部门的专业人士来完成(环境部,1969)。或许有些人会说,公众参与已经意味着更广泛的公开性、公众告知以及与项目有关的团体的参与。这一观点对于交通规划来说是绝对正确的。因为在交通干道工程的意见征询阶段,就收到了大量来自居民和环保团体对投资和计划的反对意见。环境污染王室委员会的报告(1994)在这一点上的观点非常明确,并提出如下建议:

> 交通干道计划受到批评,是因为没有考虑地区的需求以及由此产生的发展压力。如果要保留干道系统工程,我们建议将所有干道计划视为地方结构规划中的一个内在组成部分并将其纳入发展控制系统当中。我们还建议对干道工程的咨询程序及征购的程序进行修改,使得政府的证人能够回答出关于政府政策优点的提问,也可以使监督者在他的报告中考虑到此项工程与其他政府政策的关系(王室环境污染委员会,1994)。

公众对道路计划的反对由于NMBY(不要在我家的后院)运动的展开而被进一步的淡化。在理论上,待改善道路的其他替选线路方案为广大民众提供了选择的可能,也使不同(外行的?)的主张有了表达的机会。但在实际中,这一策略的实施造成了一个社团反对另一社团以及环境保护者反对社区活动分子的局面,因为每一个团体都试图让道路远离自家的后门或远离他们自己关心的环境区域。显然,尽管机动交通的无限度的发展欲望为强大的道路游说团所支持,但一旦削减这种欲望的意图被接受,那么那些源源不断的交通计划、那些自我实现的预言将不可避免地带来道路状况的改善。剩下需要解决的惟一一个问题就是要确定受影响地区的选址。而在道路选线的过程中,为将该地区的大多数人或最有影响力的团体的不满降至最低,可以采用某种形式的环境影响分析。

道路分段开发做法的实施强化了交通工程"分而治之"的策略。率先完成建设的是较少异议的路段。而对道路系统中部分道路的根本改善将可以有效缓解反对者对后面的更有异议部分的争论。由于系统其他部分的拥塞而将交通流分布到新完工道路上的做法是不合理的。这些争论就像棘齿一样,将引发无止境的道路改善计划。

社区论坛可能是结束这种往复争论的一个手段,而往复的争论将引发一个不断扩张的、不可持续性的道路计划。当然,建立于选举的地方自治区委员会基础上的社区论坛是地方行政系统的必要组成部分,并致力于充分发挥城市区域可持续交通系统建立过程中的公众参与作用。然而,社区论坛不应当在更高权力机关的命令下实现,也不应当在那些从事开发的专业人士的推荐下建成。社区论坛应当以自己的名义建立,通过选举使其合法化,有一个小规模秘书处为其服务,同时社区论坛的权力与义务要明确界定。其中,社区论坛的一个明确义务是应当负责为本地区的人流和物流提出处理建议。

可持续交通的行政架构

要成功地实施可持续发展,就需要健全的行政管理架构。从现有的地方政府中形成的管理模式往往包括诸多相关的小政府,有些地区则包括两级的架构和许多较大规模的单一部门。这种拼凑的政府在政治上是完全可行的,但是很明显,这种架构不利于建立交通供给的均衡方式,也不利于可持续发展政策的实施。本文建议地方政府的重构应该致力于建立可持续城市形态这个主要目标。

可持续发展的定义应建立在对基层社会活动在发展进程中的作用和必要性认识的前提下。"从全球出发,从本地做起"是一个经常用于可持续发展辨论中的术语。在一个可持续的世界中,发展过程中的公民参与以及相关的支撑性政治框架对于地方和区域政府来说显然是一个基本要求。早就有人提出最基层的政府应该是地方社区,即明确界定的城市行政区或城市街区。但是,会有这样的质疑,即在20世纪末期,社区的概念并不一定要与一个确定的区域相关。许多协会、联谊社团和利益团体已远远超出了地方邻里的范畴,他们形成了相互交叠的社会网络。本文在此并不是为了争论社区的释义,也不是为了强调改变这个特殊城市文化的必要性。然而,可以断言的是,人们在一定程度上是通过一些著名的以及特定的片区来了解城市的。城市片区、街区或邻里对于某些社会关系来说可能不是必须的,但它们与人们使用的主要道路和参观的中心有关,是一个必须的精神构架。邻里,"……不再是由于人们毗邻而居而互相认识所形成的空间,而是一个通常被界定和命名的空间,在这里,在事态危急的时候,人们比较容易团结起来"(林奇,1981)。而其中的危急之一就是由于道路改进而对当地环境质量所造成的破坏。

城市设计中一个需要考虑的基本事项是行政控制的问题。既然公众参与是追求可持续发展的关键,那么我们的问题就在于哪些管理内容应纳入社区控制的范围。如果采纲辅佐的思想,也就是在最基层的可操作层面或基层政府进行决策,将引发两个重要的问题。哪些设施的供给应委派给地方或社区政府以及应授与这些部门多大权力? 如果社区对所有的开发项目都说"不",将会导致城市发展的停滞,同时这种做法也并不是可持续发展所必需的。从最早的文明开始,城市政府就一直是城市基础设施建设领域的主角。但在某种程度上,这种权威性在本世纪有所削弱。这在２０世纪七八十年代的英国尤为明显,当时的政策似乎是专为从地方政府夺权而设的。因此,可持续的基础设施,包括交通系统的开发权必须归还给城市。

在一个可持续发展的世界中,城市对交通规划中极为重要。然而,邻里社区委员会在此方面也起到十分重要的作用,就像它对城市发展的其他领域所起到的作用一样。在交通方面,社区委员会有四个主要作用。即作为上一级政府的监督与平衡力量;为交通设施的供应提供思路;作为发展地方交通设施的强有力的游说团;发展成为地方公共性或商业性交通设施的供应者与管理者。这些设施应该包括出租车服务、汽车合用或社区公共巴士服务。社区委员会同时还应参与到交通管理与环境改善的计划当中。

区域规划与可持续交通

很明显,关于可持续城市形态的思想在概念上和理论上都起源于区域规划领域。区域规划主要研究由可持续的大都市地区、城市、镇、村庄组成的网络体系的发展。区域规划同时还关注农村地区的发展,不仅将其视为人们生活和工作的场所,而且还视为为城市人口提供食物和休闲空间的区域。此外,城镇周边的农村地区对于维持国家的生物多样性也非常重要,还有利于全球生态系统的安宁。

此外,作为本章特定主题的可持续交通,对城市形态和城市设计有着重要的影响,同时也是区域发展模式的至关重要的战略性要素。

显然原则上,城市的形态影响着交通的模式,并将进一步影响能源的消耗和废气的排放。出于同样的原因,公共交通设施的生存与使用以及由此带来的能源消耗和废气排放也将受城市形态的影响。城市形态还将影响土地从农用地向城市用地的转化率,并由于这种城市用地的扩张导致动植物生存地的丧失。[布雷赫尼和鲁克伍德(Breheny and Rook Wood),1993]

可持续城市交通体系的基础是保障政策实施的区域行政和管理框架。但由此也引发了有关区域和地方主义的基本问题。关于区域的本质以及区域规划的效率性甚至是必要性都存在着不同的观点。从可持续发展的角度对区域规划进行重新的审视是适当的。这对于英国尤为正确,因为政府多年来一直摒弃在全国范围内进行资源均衡配置的看法,行政教条拒绝为实现区域平衡发展的社会目标而对市场进行干预。

在对可持续发展的区域结构进行探讨之前,首先必须搞清楚区域的本质。的确,区域是否作为一个现象存在或仅仅只是一个心理的概念[格拉松(Glasson),1978]?从某种意义上讲,任何分类或定义的方法都是一个心理概念。与区域规划最密切相关的是区域在人文和生态两方面同质性的程度。相应地,也包括这种同质性作为政治和行政目的基础的可靠程度。既然这种政体的主要目的是可持续发展,显然区域对于生活在这一边界内地区的人们是有意义的。因而,区域边界应是一个为区域选民所持有的关于区域的心理概念。

1 湖泊区域和坎布里亚郡
2 奔宁山脉
3 威尔士和威尔士边界
4 西南半岛
5 诺森伯兰郡
6 奔宁山脉东部
7 兰开夏平原
8 约克谷
9 英格兰中部
10 约克郡东北部和东部
11 林肯郡
12 斯矢普岛和克莱-威尔士
13 沼泽
14 萨默塞特平原
15 乔克平原东南部
16 英格兰东部
17 伦敦盆地
18 汉普郡盆地
19 林地

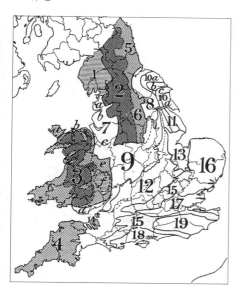

图3.3　英格兰和威尔士的农业区（斯坦普和比弗,1933）

关于区域的分类有两种主要的方法(格拉松,1978)。一种是"自然区",另一种是"功能区"。区域的最早定义主要建立在景观的自然特征的基础上,早期地理学家认为人类的生存依赖于他对环境的适应。其后,对自然区域概念内涵的进一步深入还将对经济活动的分析也包括进来。诸如农业、工业类型的经济活动都被用于区域分类的标准。在这些诸多的区域分类体系中,英国达德利·斯坦普(Dudley Stamp)的工作堪称典范(图3.3)[斯坦普和比弗(Beaver),1933]。

赫伯特松(Herbertson,1905),昂斯蒂特(Unstead,1916,1935)和维达尔·德·拉·布兰奇(Vidal de la Blanche,1931)等地理学家以地形、气候、植被、人口等为标准将世界、大洲和国家划分为多个自然区。所有的这些方法都以环境决定论作为哲学基础,也就是,地球的自然特征及其气候在某种程度上决定了定居点的模式与功能。目前人类对地球的占有程度,特别是在西方经济发达国家,给了人们任何事情都能实现的感觉。显然,对定居点的限制条件不再取决于自然,而是取决于人类的意愿。

因此,人类与自然的对立是人类造成的。人类与自然本来是一体的。目前的气候危机、污染问题和有限资源的损耗都是人类与自然的分裂行为的后果。这种主导思想低估了自然环境的价值并导致了环境的过度开采。这种开采的程度超过了"自然世界"对人类的容纳限度使得贫穷和脆弱地区存在着洪涝和干旱的危险。因此，在区域的定义中，应当给自然环境及其生态系统，尤其是环境对当地人口的支撑性作用方面以更大的权重。在21世纪，在社区与其地方环境之间维持一个更加平衡的关系是非常重要的。

与依据同质性来定义的自然区相反，功能区则是一个内部各部分相互依赖、相互联系的区域。功能区可能由城市、镇、村等异质部分组成，但各部分在功能上是有联系的。各部分之间的联系通常用诸如通勤、购物和公交等流的形式来衡量。功能区分析的主要内容是人流、物流和信息流。同样，功能区的概念对于任何关于交通规划的讨论都很重要。英国规划之父帕特里克·格迪斯（Patrick Geddes）意识到了区域中各组成部分之间的互相依赖的重要性。他的"住所——工作——亲属"图（图3.4）和术语"城市区域"就很好地表达了他的这种理解（格迪斯，1949）。在欧洲，克里斯特勒（Christaller，1966）在对南部德国中心分级关系研究的基础上提出了中心地理论。克里斯特勒的理论是区域理论发展的开创性工作（图3.5）。

3.4

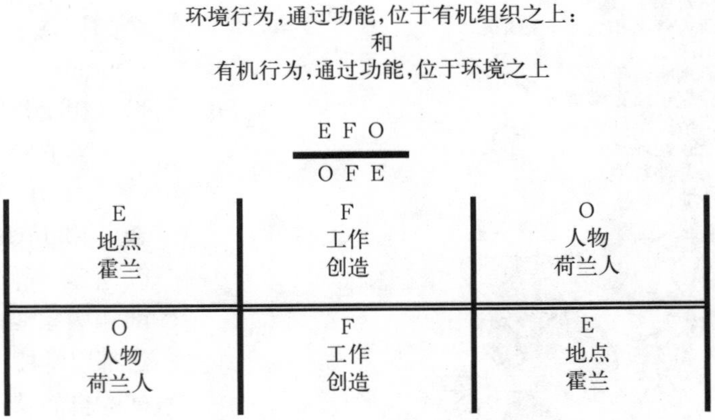

环境行为，通过功能，位于有机组织之上：
和
有机行为，通过功能，位于环境之上

E F O

O F E

E	F	O
地点	工作	人物
霍兰	创造	荷兰人

O	F	E
人物	工作	地点
荷兰人	创造	霍兰

3.5

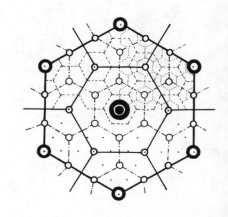

◉ G区域
◎ B区域
⊙ K区域
○ A区域
· M区域

▬ G区域分界线
── B区域分界线
─·─ K区域分界线
----- A区域分界线
········· M区域分界线

图 3.4　格迪斯的图示：住所——工作——亲属（格迪斯，1949）

图 3.5　克里斯特勒的住区分级（克里斯特勒，1966）

已经证明,吸收了两种地理分类体系特点的两级区域行政管理体制是使地方可持续发展计划合法化的行政架构的必要条件。自格迪斯首次提出城市区域的概念,这个概念已经为许多学者所探讨过。更早的霍华德田园城市的概念对于城市区域的设想也是适宜的。城市区域由通过交通网络互相联系、并与中心城市联系的城市群组成。城市区域的基本设想是建设一个关于定居点的功能布局,这些定居点在物质形态上有明确的界定,但在社会上和经济上是互相依赖的(霍华德)。正是城市区域这样的概念,提出了对可持续发展城市及其交通系统进行管理的前景。后来,城市区域的概念被城乡规划协会进一步深入发展。城乡规划协会使用的术语是社会城市区域(图3.6)[布雷赫尼和鲁克伍德(Breheny and Rookwood),1993]。如果像英国这样一个国家将追求可持续发展作为主要目标,那么城市区域将成为地方政府的主要单元。地方政府将是地方公共服务设施的主要提供者,也将承担起包括农村腹地在内的环境管理责任。自然,城市区域也将承担交通系统的管理与开发责任。这包括平衡不同交通方式之间和公共交通与私人交通之间的关系。城市区域尺度上的交通管理推动了欧洲大陆众多革新措施的实施,如推出公共交通的区域票、年票和家庭票以及对不同交通方式的时刻表进行协调。在德国的某些城市,公共交通的一些特点使公交的使用成为乐事。当然,这些措施还包括重点发展公共服务而不是私人交通后,公共汽车运行中存在的一些不正常现象的深刻反思。

有关区域政府的争论经常会回到城市区域的合理规模问题上来。当然,关于这个问题的简短回答就是城市区域没有一个合理规模。城市区域的概念与海莱尼克(Hellenic)的城市国家概念有许多相似之处。关于城市规模的论述可以追溯到公元前5世纪,普拉托(Plato)提出"优秀城市"应该拥有5040人的土地主或市民。人口的数量主要通过移民来维持,说得明确些,就是通过建立殖民地和制定遗产法来维持。普拉托无法解释为什么这个人口数值是理想的,但该数值是7的阶乘(1×2×3×4×5×6×7),具

图 3.6 社会城市区域(布洛尔斯,1993)

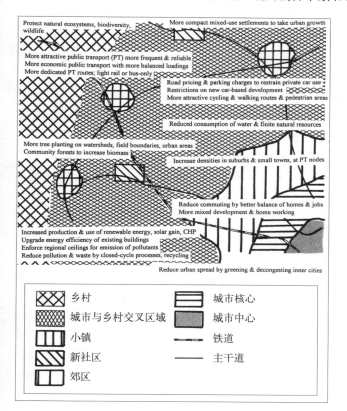

有一定的象征力量(普拉托,1984年再版)。亚里士多德在讨论城市规模时就要慎重得多。他说道,"10个人形成不了城市,10万人的城市也不再是城市了。"他的设想是城市应该足够大和足够自给自足,并形成良好的政治生活。然而,城市也不能太大而使市民失去了相互之间的私人接触,这样,国家公职的分派可以依据功绩和知名度来进行(亚里士多德,1981年再版)。城市区域的典范——希腊雅典,市民总数约40000人,另外还大约包括250000名奴隶。当然,同期的其他许多城市国家要比雅典小得多。

自普拉托和亚里士多德时代后,关于城市规模的讨论已有了很大改变。在雅典人统治爱琴海的时期里,雅典的政治体系是积极参与式的民主。雅典的所有自由市民都参与到事关国家治理的主要决策中,也参与公务人员的选举。我们的行政体系与之差异很大。它是代表制民主,也就是说,市民选举代表,代表们进而代表选民的利益执政[佩特曼(Pateman),1970]。现代民主体系与希腊雅典的民主体系之间的根本区别,在某种程度上反映了当今管理更大城市的复杂性。

研究理想城市规模的作家和规划师们倾向于扩大城市的规模,就像20世纪城市发展的具体情况一样。19世纪末,霍华德提出的卫星城市规模为32000人,中心城或核心城为58000人。第二次世界大战后新城建设的规划规模已经增加到50000～250000人。当一些学者头脑里还充斥着有关城市理想规模的讨论时,城市,特别是发展中国家的城市正在以一个非常快的速度增长,以至于目前几百万人口的城市已经是很普遍的了。

林奇(1981)简明地概括了他有关城市规模的立场,"很遗憾,有关普适的城市规模的论据是很不充分的"。虽然可持续发展思潮可能可以为这种讨论提供新的思路,可是本文不打算对此观点进行讨论。以下几个段落的目的是讨论适于环境管理和实现可持续发展的政治与行政单元的特点,包含在这个总目标里的是对适于交通组织的行政管理机构类型的讨论。城市区域似乎是维持和实现可持续发展的最合适结构。某种意义上讲,城市区域的规模反而不重要了。由亚里士多德提出的弹性城市规模的设想对于今天的城市区域来说可能是合适的,城市应该足够大和足够自给自足,并形成良好的政治生活。然而,亚里士多德10万人的城市规模上限似乎低于代表制民主下建议的城市规模[西尼尔(Senior),1965]。在英国,城市区域的最小规模应该是1万人。而比城市的自然规模更为重要的是人们对城市及其政体的归属感,即由公民权衍生出来的含意。亚里士多德描述的"优秀城市"的另一个重要方面——面对面的接触或同事之间的了解,将是社区委员会工作下的邻里或街区政治生活的一个特征。

地方(分权)主义有很多含义(格拉松,1978)。在本书中它的含义是指城市区域与国家之间政府与行政管理的中间层次。增加这个层次的主要原因是通过将权力和决策移交给人民,从而使可持续发展的规划更有效率。由于这些省的人口规模比城市区域多,因此对中央集权形成了更强的制衡。对环境资源进行有效的区域管理的一个关键因素在于通过管理机构的选举而使机构的行动和决策合法化。像区域经济委员会和区域咨询委员会这种不是经过选举产生的组织和半官方机构,是代替不了经过选举的区域政府的。区域委员会,虽然有很强的工作能力,但缺乏政治力量来实现可持续发展和进行协调,例如协调辖区内较低层次的政府机关制定的交通规划。

像城市区域一样,确定省的合理规模也是困难的。在边界确定时,文化的同质性比规模更为重要。在这10年的最后几年中,选举产生的新政府将可能承受目前的压力,为苏格兰和北爱尔兰建立新的选举产生的立法机构。如果工党政府胜出,那么威尔士可能也会产生类似的立法机构。苏格兰建立省级立法机构的做法似乎存在一定问题,但它对于一个高效的全国可持续发展计划来说又是必须的。例如,费边社于1905年提议在英国建立7个大区或省,每个区或省再包含若干个县[桑德斯(Sanders),1905]。

图 3.7 福西特的区域结构(福西特,1961)

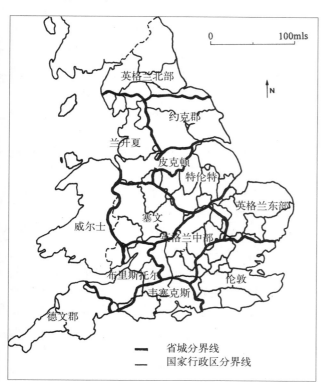

后来,福西特(Fawcett,1961)将英国划分为12个省份。在20世纪的最后10年里,福西特全国区域划分的原则可能仍然适用(图3.7)。他提出区域边界应该尽可能少地干扰人们的日常活动和出行。他认为每个省份都应该有一个明确的首府城市,并与省内的其他部分具有良好的通达性。福西特在确定省的规模方面十分慎重,并设置了100万的下限,但是仍参照亚里士多德对城市规模的定义,提出了每个省应有足够的人口数量以确保区域自治的合理化。在人口规模方面,他提出警告,任何一个省的规模都应当小于能够操控其他省份发展的人口数量规模。但自福西特提出这一观点之后,伦敦及东南部的增长使得这一原则的推行难以进行下去。福西特的这两项原则似乎特别适于可持续发展,第一,他建议区域的边界应沿着分水岭进行划分,而不应穿越流域

或沿着河流划分;第二,区域边界的划分应尊重地方的利益和传统。其中的第一条原则在可持续的宗旨指导下,可以通过引入分水岭边界之外的土壤、植被类型等生态因素而得到极大的强化。

第二次世界大战促进了政府在区域组织方面的行动。高效的战争需要高效的国家行政管理。20世纪40年代失去战争的威胁可能与90年代人类目前的处境相类似,而人类目前所面临的环境威胁就像一把悬在人类头上的"达摩克利斯之剑"。在20世纪40年代,委任的区域委员会管理着九个民防区域的事务。在区域首府,为提高备战的效率,则由政府部门协调区域交通和区域经济的其他方面。

战后,除苏格兰外,英国地方分权主义的发展是摇摆、困惑、折中和忽视的。战时的区划框架被艾德礼政府作为标准的财政区划保留下来,其主要目的在于促进战后的重建。在20世纪40和50年代还成立了几个法定委员会并划定了它们的区域边界。这些委员会处理国家社会经济生活中的重要组成内容,包括医院、铁路、燃气、电力和煤炭等方面的事务。经过50年代的一段停滞期后,地方分权主义在60年代初再度燃起,并在1965年工党执政下建立区域经济规划区时达到了顶峰。除了将东南区扩大和将约克郡和亨伯赛德郡合并之外,新的规划区在地理结构方面与原来战后的标准区类似(图3.8)。但从1979年保守党执政开始,地方分权主义,特别是地方政府本身失去了宠爱,其影响力日趋下

图3.8 1975年标准区(格拉松,
1978)

降。而权力正不断向中央即国家政府转移。当保守党政府解散大伦敦议会,将"公平票价"政策向着首都地区一体化和可持续的公共交通系统迈开第一步时,明确反映了保守党政府对地方分权主义的态度。而像工党于1995年底提出的一些提案,通过将权力下放给地方选举议会或地方选举市长来使复兴市民权力,可能会像英国19世纪的地方自治那样重新激起地方社会变革的热情。在上世纪,贫困救济所、医院、洁净水供应设施、学校和补贴住房都是由地方创建的。为了满足文明城市的可持续发展需求,我们需要这样的程序和精神。

给水、燃气和电力设施的私有化,国家公共医疗卫生服务机构的衰落,公交服务的不正常以及即将进行的铁路私有化都对区域规划产生了巨大的影响。这种市场经济下无政府主义的授权或董事会的专制与构筑经济联盟和其他可持续发展思想相背离,它丝毫不利于在保障代

内或代间公平性的实施措施下，实现可持续的发展。随着1997年政权前景的改变，地方分权主义和权力下放将可能又一次提上政治议程。这种改变将为英国提供了重组国家行政架构的前景和机会，以使国家发展的结果更接近于包括城市、镇、村在内的可持续性区域，并与农村腹地之间保持更近一步的平衡。

可持续发展的一个重要组成部分是公交的效率，如何对公交进行组织将是省政府和区政府在进行有关结构和边界的决策方面的一个关键因素。另一个关键因素是公众的理解和参与。对任何一个成功的权力下放过程而言，省选民或区选民的对地方归属感是十分重要的。在苏格兰、威尔士和北爱尔兰都可能会成立地方议会。但由于苏格兰和威尔士两者的文化内聚力，使得政府的权力下放到议会将是一个自然的进展过程。而北爱尔兰的两个传统使得权力的下放存在相当难度（罗斯，1971）。多年来，苏格兰的建设一直围绕着地方设施区域化管理的机制进行，很遗憾，这种机制将会随着目前地方权力框架的改变而改变。苏格兰的地方议会可能希望根据其自身可持续发展的纲领对整个实践过程进行再度研究。即将在威斯敏斯特成立的英国议会面临的一个重要问题就是决定成功的苏格兰地方分权体制有多少能被应用到英国和威尔士。或者就像西尼尔（Senior，1965）所提议的，应当围绕大约30~35个城市区域重新构建英国的地方政府。本章已提到城市区域体系有责任提供地方服务设施，但这项权力应设在8~10个较大的经选举产生的区域政府中。区域是一个弹性的概念，它的规模和边界将随着它的建设目标而变化。因而，任何一个政府所采纳的区域体系有它的特殊之处。而区域组织的两个首要原则，即发展高效的公共交通和建设有地区文化归属感的选区，其在未来任何区域重组的实践中都应当明确地放在首列。

国家政府在敦促普通大众放弃机动车和鼓励货运回复铁路和水路运输方式方面，有五个主要的作用。它们是：

- 为可持续发展立法
- 提供财政刺激，支持可持续发展
- 鼓励和支持包括交通在内的对可持续技术的研究
- 为区域和城市政府提供规划和发展指引

欧洲委员会的作用是：

- 协调全欧洲可持续发展的立法和实践
- 向较落后地区提供援助

•为公共交通启动提供资助

•为可持续发展提供建议

•推广成功的实践经验

无论是欧洲委员会还是国家政府都不应为道路的建设项目提供资金，除非该项目明显有助于可持续发展或经济萧条地区的经济发展。

结语

交通，在受益于社会的同时，也消耗巨大的成本。有些成本代价，如污染和噪声，是直接或间接地由使用者或发展的被动受制者所引起的。其他的成本则是环境破坏的结果。许多成本，特别是来自道路建设项目以及由此引发的交通量增加而造成的成本，不是落在项目开发商或使用者的身上，而是落在了社会的头上。由运输市场所提供的诸如道路建设成本和汽油成本等价格信号，由于忽略了环境成本，误使使用者所认为的个人机动化成本要比真实的成本低。成本的低估由此产生了有害于社会的交通决策。个人的交通使用者或开发商将作出类似这样的决策，也就是，将继续增加道路的使用(但实际上，这种使用超乎了真实成本所能支付的能力)，直到国家政府提高油价或者引入能够反映真实环境成本的道路定价机制。在改善公共交通的建议中，应优先提出有关该项的税收政策。从道路使用者那里征收的税应指定用于公共交通的启动。但如果在公共交通改善之前实施税收政策，那将会由于付不起额外税收的社会贫穷阶层的存在而致使成效甚微。这种情况下的这类税收将是不合适的，并与可持续发展的大方向相背离。皇家污染委员会(1994)认为政府每年增加5％燃油税的承诺不足以鼓励制造商提高汽车的技术效率，并建议："逐年提高燃油税，使到2005年燃油价格的增长是其他物品价格增长的两倍。"如果要实现皇家委员会的目标，那么在我们的城市内，公共交通的改善工作就迫在眉睫。

除了以上所列举的措施以及相关的类似措施，城市规划政策和城市设计的解决方案其目标必须是减少交通需求。过去的规划政策以及由此形成的城市形态一直都是建立在无限制交通和私人小汽车最大机动化的基础上。对于社会所面临的问题，规划和设计降低机动出行需求的城市形态是一个长期的解决方案。但这一方案的实施取决于公众逐渐改变他们的生活方式，减少对私人小汽车的依赖。以下的章节旨在于提出与可持续发展原则相一致的城市形态和政策：它们将直接探讨城市规划新的设计模式，在其中，城市设计将被看成是涵盖城市文化生活所有方面的整体规划中的一个组成部分。

第四章　城市意象

引　言

关于可持续城市,有相当数量的假设形态,而所有的这些形态都是建立在减少私人小汽车的出行需求以及公路货运的想法基础之上。欧洲大陆是高密度密集型城市的发源地,而另一个极端的开发就是关于低密度分散发展城区的设想。第三种思想流派提议城市形态应当以"分散集中"的策略为发展基础。第四种见解将可持续城市区域的概念深入发展,拓展了霍华德及其田园城市运动的理念(布雷赫尔和鲁克伍德,1993;埃尔金等,1991a;霍华德,1965;欧文斯,1991)。同时著者们对于可持续发展的详细城市结构形式的倾向也各不相同。这些倾向包括:带形形态、分散结构、集中结构、多核结构或者是格网结构的几种变形形式。除了部分形态鼓吹者所持有的众多理论和强硬观点,此刻并没有任何确凿的证据可以在节能方面对其中的任何一种城市结构提供毫不含糊的支持。同样,也不可能绝对地宣称任何一种特定的城市结构理论形态比其他形态更具可持续性。考虑到证据的不确定性,本章将回顾城市形态理念的由来。尤其要探讨三种主要城市意象的特征,而这三种意象已经成为了人们理解城市和处理城市的基础。本章的主题是符号与城市,同时还作为第五章特定城市形态分析的基础。

早期城市

城市的形成是人类意愿的行为结果。然而,无论其成因多么含混、手法多么低效以及成就多么俗丽,城市的发展或城市的改良确实是人类自发的行为结果。城市的创建或许是一个伟大领导人的决策;或许是大家共同努力或不断累积发展的结果;或许是许多个人自发行为的成果。最早的城市分别出现在六个或七个不同的地点,但都在农业革命之后。托夫勒(Toffler,1973)在《未来的冲击》中谈到,当今社会变革之大,历史上只有使人类进入文明社会的农业革命才可以相提媲美。为了支持他的观点,托夫勒引用了《上帝、坟墓和学者》一书作者马雷克(Marek)的一段话:"在20世纪,我们正在终结着一个人类5000年的时代。……我们并没有像斯彭格勒所设想的那样,处在西方基督世界的开创时期,而是处在公元前3000年前。我们像一个史前人一样张开我们的双眼,我们看到了一个全新的世界"。今天的世界处在一个巨大的社会变革当中,并伴随着对技术的强烈需求,迫使人类重新评估这种无限制的发展对环境所造成的影响。在让步于环境制约因素的过程中,城市正在以可持续的形态进行着彻底的改造。可持续城市的诞生是人类意愿的行为结果,是人类对抗加诸人类住区上的环境制约的决心。

对早期城市的源起及其发源地的审视,可能有助于我们理解城市设计中所面临的问题。城市的诞生发生于农村公社简朴以及追求最大限度人人平等的生活被更为复杂的社会阶层划分所取代的时候。城市中新的社会阶层体现了不平等的所有权;明显分化的权力结构;为防卫和殖民而出现的好战倾向;一座纪念性建筑;以及一个充分体现社会高度阶层化的城市结构。城市同时还是一个知识传播的媒介——它伴随着农业之外的其他行业专家的出现以及科学和文字的诞生。同时还伴随着自然艺术、工艺和远程贸易的出现。无论这种复杂的异质社会是如何发展起来的,但它确实起源于一个出现了剩余食物的定居群落。在尼日利亚的豪萨族中,就流传着一个关于小村庄如何聚集成为大村镇的民间传说(芒福汀,1985)。关于城市形成的合理解释是建立在无国籍群落假设的基础之上的,这一群落通过共同居住在大片明确界定的土地上来体现他们的团结,并把起源于各个国家组织的文化融入他们的文化体系中。目前在西非仍然存在这种类型的无国籍群落,尽管他们已经融到了庞大的现代国家中。政治组织最重要的要素就是在公有的领土上共同生活,并服从领主颁布的法律。这种设想类似于主权国家或法制实体的概念,所有的新人都自动成为国民。在限定的领土内,早期的居留者比后来者对土地有着更亲近的关系,这就为区分皇族和非皇族血统提供了可能[霍顿(Horton),1971]。城市最初拓展的原因已经不可考证,或许是一座特别灵验的圣地及其术士吸引了远方的贡品和信徒; 或是有一个部落的首领能够为了共同的安全或经济利益,将分散的部落联合起来结成正式的同盟。

早期城市的功能包括作为剩余食物的仓库、通商线路的落脚点、由于战争而强化的中心或是灌溉工程以及金字塔工程等大型公共工程的管理中心。最后,早期的城市还可能是一个重要的宗教中心。因此,早期的城市既是日常活动的重要中心,也是实施压迫和侵略行为的场所。城市的形态和布局精心规划,以体现社会的权力结构,并为宗教仪式提供戏剧式的背景。因此,早期城市形态的设计强化了敬畏的意义以及以上这些行为(或国民)对国家的依赖性:在某个层面上,这是一种心理控制和统治的辅助手段。与此同时,城市还是学习和召集会议的场所。同样,城市还是值得骄傲的人类成就的物质表现,躲避敌人和自然界的栖身之所,同时还是未来的希望。

在埃及、美索不达米亚、印度、中国和中美洲的早期人类文明中,大多数城市的布局都有着共同的结构和物质特征。这些共同的特性包括使用格网结构、笔直的轴向街道、住宅及重点建筑朝向太阳轨迹,以及为了不让尼罗河河段进入城内而周边修建的壁垒等等(图4.1至图4.7)。墨西哥的特奥蒂瓦坎(Teotihuacan)

4.1

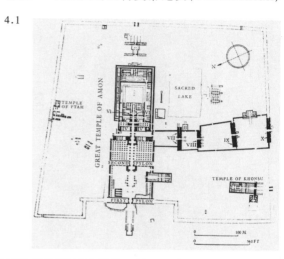

4.2

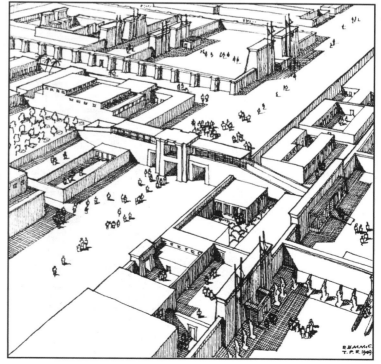

图 4.1 埃及卡纳克(Karnak)的庙宇规划[史蒂文森·史密斯(Stevenson Smith),1958]

图 4.2 埃及阿玛纳(Amarna)的中心区(第 18 朝代)(费尔曼,1949)

4.3

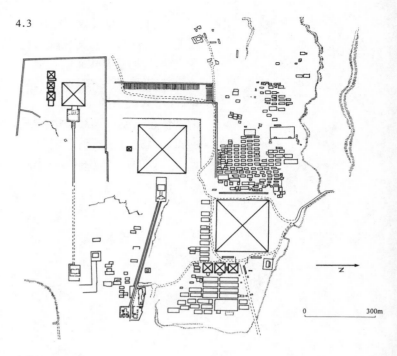

Z

0   300m

4.4

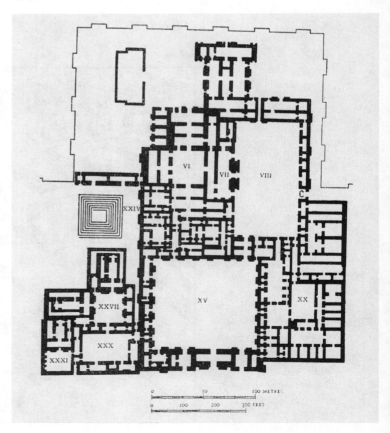

图 4.3 死亡之城, Gizeh, 埃及 (史
蒂文森·史密斯, 1958)

图 4.4 萨尔贡 (Sargon) 宫殿
的规划图, 豪尔萨巴德
(Khorsabad) (法兰克
福, 1954)

图 4.5 Citadel 的重建, 豪尔萨
巴德 (法兰克福, 1954)

图 4.6 中国的城市 [博伊德
(Boyd), 1962]

图 4.7 特奥蒂瓦坎 (Teotihuacan)
城中心区的规划 [来自
《特奥蒂瓦坎城的城市
化》, 墨西哥, Texas 大
学出版, 勒内·米隆 (Rene
Millon), 1973]

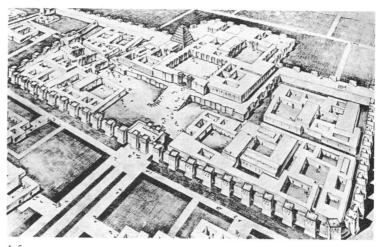

4.5

4.7

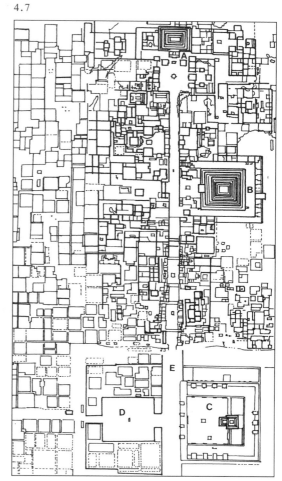

4.6

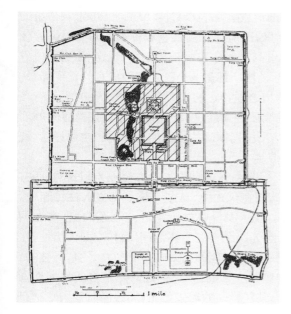

城,在其公元450年左右的鼎盛时期,占地8平方英里,人口20万人。该城在城市的诸边都设置了一条宽敞的用于举行仪式的道路,沿着谷底共达3英里长。游行的线路在月亮金字塔的北面终止。The Citadel and the Great Compound作为城市的行政管理中心和商业中心,坐落在南北向游行线路以及东西向主干道的交叉口上。贵族的住宅位于主要的轴向道路上,并与太阳金字塔布置在一起[米隆(Millon),1973]。法老王时期埃及的理想城市规划在Gizeh的墓园中得到了最好的体现,朝臣和高级官员的坟墓靠近法老们的金字塔。死后与法老接近明显和死前与法老接近同等重要。埃及的死亡之城是矩形的格网布局,无足轻重的国民就埋葬在墓园周边的坟墓里[费尔曼(Fairman),1949]。

在早期城市的规划中,朝向以及与环境的关系至关重要。建筑的组织与自然力量和地方环境相协调。中国的城市规划强调建筑的形态与环境相关。中国的城市成为了建筑与自然景观紧密联系的缩影。在中国过去那么多的世纪里,城市的理想布局被编纂成为一系列法则。中国的理想城市是方形的、规整的,以及朝向正确的,尤其强调了联系封闭城区的围墙及其大门和通道,这些通道的方向非常重要并有其自身的含义。此外,对称的构成形式保持了城市左右部分的平衡[惠特利(Wheatley),1971]。

城市物质形态和环境的复杂关系已经演化成为一门有关环境布局的深奥的风水学问。这种古老的风水学问,目前在亚洲仍在运用。香港一些杰出的商人还在从中国风水先生那获取有关居室和办公空间布局的建议(Lip,1989)。

直到1945年,在尼日尔仍有关于根据前伊斯兰豪萨人的宇宙观进行住宅布局的记载[尼古拉斯(Nicolas),1966]。在传统的非穆斯林豪萨社会里,田地、住宅、粮仓和村镇的布局根据古代的宇宙观来控制,同时,这种宇宙观还控制着日常生活的其他方面。每一项重要的活动场所都是一个既定宗教仪式的重要场合,并或多或少只为承担这项特定的仪式所专用。这些仪式只有在一个限制和界定的场所内才能进行,以抵御存留在世界上的邪恶力量。而当这些场所根据精确的模式准确界定和定位好后,就成为了正义力量的领域。

在豪萨的神话传说中,东方和南方的方位点为阳性的,西方和北方则为阴性的。而在仪式中,这些方位点则被人性化起来。每一事物都朝东而生。人类降临这个世界是朝东的,进家也朝东,祭祀也朝东。人类为四个方位所环绕:前面和右面为男性,左面和后面为女性。一个男人,他的主方向为前和右,它是男性的;而左和后的弱方向则为女性的。人类周边的四个空间根据性别划分成了两个部分。某些空间的连接是允许的,而有些则是禁止的。方位点之间的联系被视为婚姻的联系,东北向和西南向就是拒绝性的方向;而南北向和东西向就是联婚和交配的方向。在非穆斯林豪萨人的宇宙观中,空间的概念表现为内敛力量或发散力量作用的场所,两种力量在此保持着脆弱的均衡。在一块田地、一所住宅、一个市场或一座城市的布局中,豪萨人都通过几何的形式,试图保持宇宙力量这种脆弱的平衡(尼古拉斯,1996)(图4.8)。

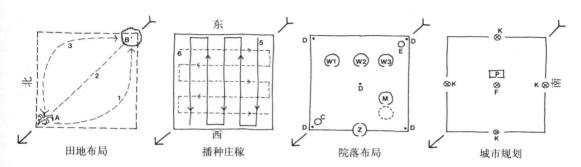

图4.8　豪萨人的空间结构

大多数豪萨人的田地是方形或矩形的,重要的轴线为西北和东南向。庄稼的播种采用矩形的模式。小米和高粱一起种植在同一块地内,它们按行播种,彼此垂直。小米由于其种子为阴茎状,被视为男性的作物,并沿东西向播种;而高粱,作为女性化的植物,沿南北方向播种。通过这种组合,小米和高粱都能得以高产。

尼日尔传统豪萨人的院落与尼日利亚穆斯林的院落不同,是面朝主要方位点布置的。为了建造新的住所,户主要埋下五个带着魔咒的壶罐,每个方位点一个,还有一个放在地块中心。整个地块为围墙所环绕。家庭里的每一位成年男子都在院落里搭建他自己的小茅棚,入口朝西,使得进入茅棚的方向为东向。每位男子配偶们的住宅沿南北向线形排列,第一位妻子靠北,最后一位妻子靠南。这种布局方式反映了妻子们的社会等级,第一位妻子是家庭的女主人,并称之为"北边的女人"。

当1945年法国迁移卡奇纳(Katsina)和戈班(Gobir)两座城市时,当地的居民坚持新城要按他们自己的规划原则进行布局。在这两座新的首府里,举行了包括将祭品放置在传统规划五个中枢的神圣力量中心的重要仪式,来将新城稳定于超自然的城市结构上。魔咒和护身符被埋在方位点的四道门下以及主轴中心的统治者宫殿的位置下(芒福汀,1985;尼古拉斯,1966)。

在这个开明的时代中,我们摒弃这种由上帝支撑宇宙的魔幻的宇宙模式。然而,我们仍然接受了某些模式的心理作用,使之控制着我们的行为。这些想法还渗透到了西方城市的建设过程中。中国和印度也为后代流传下极度发达的宇宙模式城市形态的遗产。然而，离非洲、埃及和伊特鲁里亚这些发源地越近，所遵循的传统就越相近。对力量的符号化表达，这种古老的传统已经为西方文明所吸收。例如文艺复兴时期的理想城市，部分就是数学序列和宇宙统一性的象征。相反，巴洛克的城市规划使用了互连的轴线，被Pope Sixtus V用来表征其和教会在罗马的权威性。作为象征力量的手段，轴向布局的街道成为了其他统治者使用的形态模式，并在德国的卡尔斯鲁厄、朗方(Karlsruhe、L'Enfant)在华盛顿以及豪斯曼(Hausmann)在巴黎中都有所应用(图4.9至图4.16)。在爱尔兰，英国的政府当局影响了城镇的形态。例如，在罗斯康芒，长长的主干道在法院前终止，监狱有高耸的外墙，这是最终裁决和处决执行的场所。

4.9

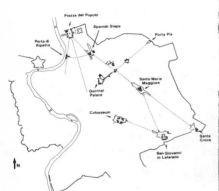

4.10

4.11

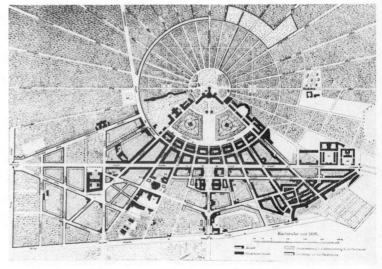

图 4.9　罗马和西克斯图斯五世
　　　　(Sixtus V)
图 4.10　罗马：玛丽亚·马焦雷
　　　　(S·Maria Maggiore) 街
　　　　道的街道终点
图 4.11　卡尔斯鲁厄 (莫里斯, 1972)

4.13a

4.12

4.13b

4.14

图 4.12 华盛顿特区规划（林奇，
      1981）
图 4.13 华盛顿。(a) 国会大厦；
      (b) 华盛顿纪念碑
图 4.14 巴黎：豪斯曼的改造规
      划
图 4.15 巴黎。(a) 歌剧院大道；
      (b) 林荫大道

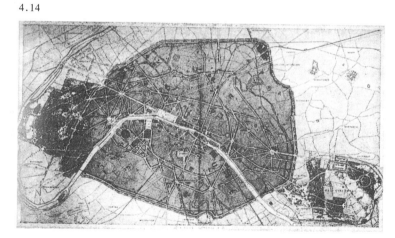

4.15a

4.15b

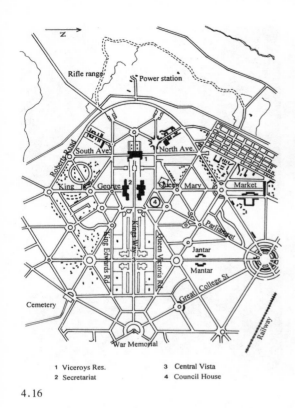

4.17

4.18

1 Viceroys Res.   3 Central Vista
2 Secretariat   4 Council House

4.16

图 4.16　新德里规划
图 4.17　爱尔兰的罗斯康芒：法院及远处的监狱
图 4.18　爱尔兰的罗斯康芒：监狱前（广场）

石头建成的监狱经历了数次用途变更，建筑质量仍然完好，从最初的监狱到精神病院，到后来的游客办公室以及现在的精品屋——成为了一个对有着严酷过去的建筑进行保护和再利用的典范(图4.17和图4.18)。

城市权力的这种冷酷的表现手法并没有在豪斯曼的规划或甚至是吕特延新德里的规划中终结，它们一直持续到今天的城市建设中。这些体现控制力的古老手法仍旧保留着它们在心理上的作用。例如，花园的围墙或是女贞树篱仍然环绕着英国人的半独立式城堡，拒绝着不受欢迎宾客的进入。美国高收入阶层的集合住宅为一道坚固的护墙所环绕，要通过守卫的大门才能进入。对于英国的庆典来说，阅兵线路仍然十分重要，女王在国家的庆典日会征用她的首都城市，从白金汉宫一直到议会或圣保罗大教堂。每年一度的红军莫斯科阅兵是一场控制下的热闹演习。在北爱尔兰，每当7月的"行军季节"，Orange Lodges用其管乐队及其可怕的Lambeg鼓来重申新教徒对领土的占有权。Orange还往往挑衅性地将行进路线设计为进到或环绕天主教的区域来进行，游行的线路用拱门和横幅装饰，以显示新教徒的统

图 4.19　新教徒的游行，贝尔法斯特

4.19

治优势(图4.19)。地标是占有权的象征：对土地的占有权。现代城市中的地标为俯瞰周边的高耸的建筑。因此商业集团竞相建造最高的摩天大楼，以下的这些例子就是中世纪时期一些强大的家族在圣吉米尼亚诺（San Gimignano)所建设起来的一些高楼(图4.20和图4.21)。在最近的城市开发中，所建设的一些尺度和比例极其尖耸的建筑，欲图体现对城市及其市民的统治(图4.22)。两侧对称的正立面作为关键的提示手段仍然用于对地位和权力的强调。学院中的餐桌就是一个利用这种物质的提示手

图 4.20　圣吉米尼亚诺

4.20a

4.20b

图 4.21　屋顶景观
图 4.22　罗马尼亚：人民宫［摄影：
　　　　尼尔·利奇 (Neil Leach)］

4.21

4.22

段来强化地位差别的例子。全体职员和尊贵的客人比其他人坐得高，而院长、董事或学监则坐在桌子的两头，即主宰事物的轴线上。

　　土地用途的分布、建筑的情况及其开发密度，赋予了土地利用三维的形态模式，图像化地反映了社会各阶层在财富和权力上的不均等。哈维 (Harvey, 1973) 论述了这种特殊的现像，显示城市的空间利用组织是如何偏向那些富裕阶层，而那些社会弱势的阶层是如何被安置在最差的区位的。在第三世界国家，城市生活的这一方面内容表现得非常明显。穷人聚居的地方被委婉地称之为自行发展地区、临时贫民住区或没有配套和卫生设施的临时住宅。穷人中最穷的人则常常居住在不安全的用地上，这些用地很容易受到突然的水灾或其他的侵蚀。

4.23a

4.23b

图4.23(a)和(b) 内罗毕(Nairobi)
的贫民窟

未来可持续的城市应当如何抛弃这些过去的糟粕？或可以丢弃到怎么样的程度？可持续发展的思想有三个基本的价值取向：平等、公众参与以及良好的农业管理。可持续的城市既抚育它的人民，又培育城市的环境，至于城市对人类的关注问题则是一个关于开放性的问题。而开放的过程则取决于对民主的看法，有人建议建立高度分享的民主。但城市的形态应当确立在以下基本的价值观取向上：为表现可持续城市新的城市结构，必须建立新的城市符号。可持续的城市绝不是一个将穷人交给硬纸箱文化的城市，使得穷人成为一个蜗居在高架桥下的无家可归的底层阶级。可持续的城市并不强调维护小团体特权相对平衡的个人影响和政策技术。

反对所有过去的、伴随着城市诞生而产生的事物，将是不明智的行为。幸运的是，许多宗教的先入之见，包括中国的占卜，通常能形成协调的城市发展布局，并同时对城镇和建筑的坐落或景观的布局给予极大关注。在任何城市规划和城市设计原则的重构过程中，都不应当丢弃这种传统。许多源自代表着富有阶层的绿色运动的观念，暗含着宗教的热情。这些更为极端的绿色理念赞美着自然法则下生活方式的优点，并通过协调使地球更为统一，他们还将地球人性化地称为地球母亲或all-encompassing being。除了这些极端，很显然，对于自然的尊重将是我们可以也必须从过去人类的发展进程中学到的。城市培育的一个重要质量评价就是对辖区内自然景观的保护和发展。同等重要的还有对现存建筑的保护，托夫勒的"一次性物品充斥的社会"在可持续城市中毫无立足之地。保护与"制定——实施——改进"的过程将渗透到城市发展的策略中。然而，保护运动不仅仅局限于对能源保护的关注，它代表着一种将现代人类与传统相连、与5000年前伟大的城市发展传统相连的生活哲学。

可持续城市的天际线或许在形态上与20世纪前的城市类似，只有保留作为从前国家、城市、经济或宗教权力中心纪念的塔高耸向上。可持续城市大多数的新建筑将局限在三到四层的高度，同时由地方的建筑师利用地方的建筑材料,同时有可能还利用地方建筑的传统进行建造。城市的空间,包括街道、广场和公园,将成为步行者会聚的场所,并根据步行速度的尺度进行设计。道路交通以公共交通为主导,并小心地穿越步行者和骑自行车的人所占据的城市步行道网络系统。这些想法听起来似乎有些理想化,而在一定层面上,这些也确实是理想化的想法,但这种想法是在接受了可持续性既必须又可取的思想后,合理地推演出来的。

根据林奇(1981)的看法,诠释城市形态的城市意象主要有三种。早期宗教中心的魔幻意象,正如前面所探讨的,试图将城市与其周边的环境以及宇宙联系在一起。其他两种标准的意象为机械化的城市意象和有机化的城市意象。城市,就如同住宅一样,被某些现代主义的建筑师视为"居住的机器"。另外,许多追随格迪斯(1949)和芒福德(1938,1946a,1961)的规划师则以生态的分析方法描述城市有机的扩展。这些标准的理论已经演生出一系列城市结构模式,包括中心城市、星形城市、带状城市、格网城市、多核城市以及分散城市。从这些城市形态的基本概念中,还演化出其他的复合概念,例如林(Ling)为朗科恩(Runcorn)新城设计的8字形结构(图4.24)。

将城市视为机器的想法与将城市视为宇宙的微观世界、宇宙中一个完美的统一形态这一概念非常不同。而将城市视为

图4.24 朗科恩的城市结构图

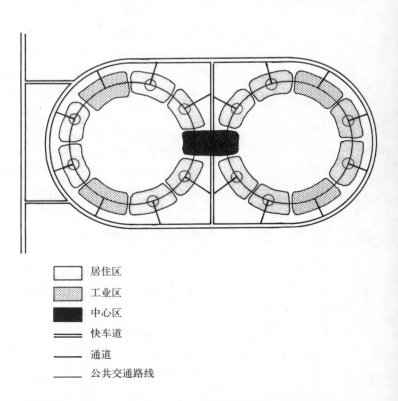

居住区

工业区

中心区

快车道

通道

公共交通路线

机器的想法并非只是20世纪所特有的现象——它的根源更为深远。但是,该理念在本世纪通过未来主义的运动和勒·柯布西耶(1946,1947,1967,1971)的著作,尤其是光明城市的规划由此得以发展并提升到一个主流的地位(图4.25)。以"城市机器"作为发展主题的代表作还有阿图罗·索里亚·玛塔(Arturo Soriay Mata)于1894年设计的马德里带形郊区和通吉·加尼尔(Tongy Garnier)设计的工业城市(图4.26和图4.27)。索里亚·玛塔的带形郊区在城市的两条主要轴线之间向前推进,并试图环绕整个马德里。它们是为向中产阶级提供住宅而设计的。该设想的主要特点是一条有轨电车行驶的林荫大道。通过电车的运行线路,有轨电车将带形布置的住宅地块与城市中心区相连。与加尼尔后来的设想不同,马德里的项目由设计师的家人一直建设和运作到1930年。加尼尔工业城市的尺度更为庞大。线型的交通线路服务城市,并沿该线路进行土地利用功能

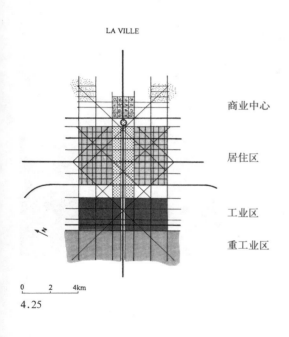

商业中心

居住区

工业区

重工业区

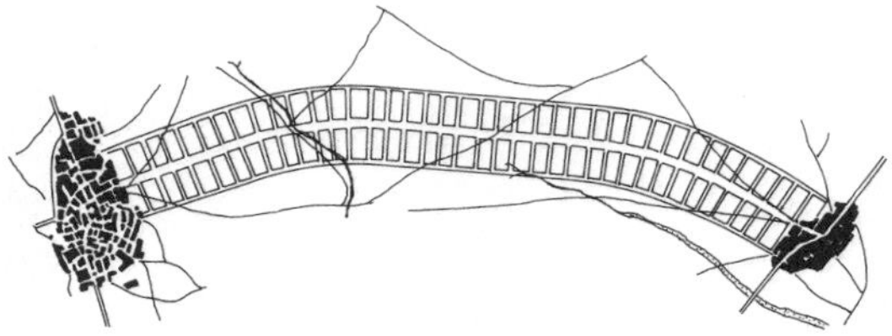

4.26

4.27

图 4.25 光明城市(勒·柯布西耶,
         1967)FLC/ADAGP,巴黎
         与DACS,伦敦1997
图 4.26 索里亚·玛塔的带形城市
图 4.27 加尼尔的工业城市
         (Wiebenson,日期无)

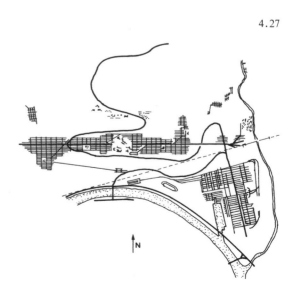

的划分和布局。同样作为带形的城市发展,像勒·柯布西耶的设想,就给予了交通系统极大的强调。勒·柯布西耶的设计主要注重对机动车的赞美,而索里亚·玛塔发展的是关于大运量交通的设想。

在将城市视为机器的想法下,城市由许多就像是车轮上的小齿轮的部分组成,所有的部分都有其明确的功能和独立的运行轨迹。在其最富表现力的形态里,它可以具有水晶般的明确性或可以是一个关于合理性的大胆展示。这一点体现在勒·柯布西耶的英雄般的或是早期现代作品里的建筑形式和城市规划中(图4.28和图4.29)。这种想法还表现出冷漠的实用性,并倾向于社会支配和国家控制。米柳廷(Miliutin)在他Sotsgorod的设想中,

4.28a

图4.28 勒·柯布西耶设计的建
　　　 筑,斯图加特

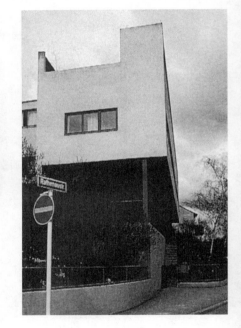

4.28b

4.29

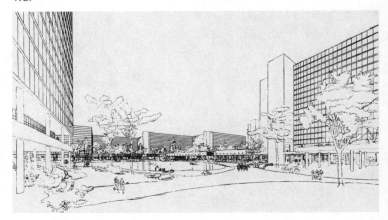

图4.29 勒·柯布西耶的草图
　　　 (勒·柯布西耶,1967)
　　　 FLC/ADAGP,巴黎与
　　　 DACS,伦敦1997

将机器城市的主题发展到极至(米柳廷,1973)。他把城市类比为发电站或装配线。米柳廷同样对交通给予极大关注,并与加尼尔一样,将城市分隔为许多独立的部分或单一的土地用途。

将城市视为机器的看法就像人类文明自身一样古老。这个机器不仅仅是指因哈普林(Chaplin)《艰难时代》而闻名的复杂装配线,同时也早于19世纪和工业革命。机器可以像一根杠杆、一个滑轮或甚至是车轮这一伟大发明一样简单。将城市视为机器的想法在埃及Pharaonic的工人村规划中有所体现(图4.30)。该设想建立在规整的格网规划的基础上,以便于开发。然后,所有的内容再以规整的模式进行重复。希腊人在建立殖民地的时候,也会使用一种沿狭长街区布局的标准开发模式,per strigas(图4.31)。这是一种简单和便捷的开发方式。在殖民地城市的建

图4.30 工人村,阿玛纳(Amarna),
　　　　埃及(费尔曼, 1949)
图4.31 奥林索斯 (Olynthus)
　　　　的 住 宅 布 局 (林 奇,
　　　　1981)

4.31

4.30

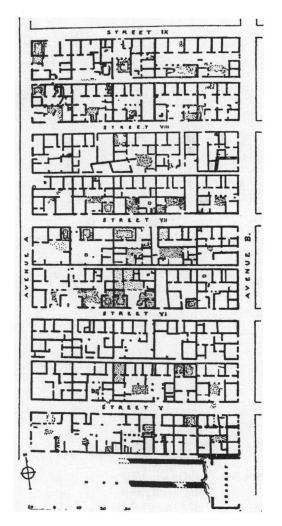

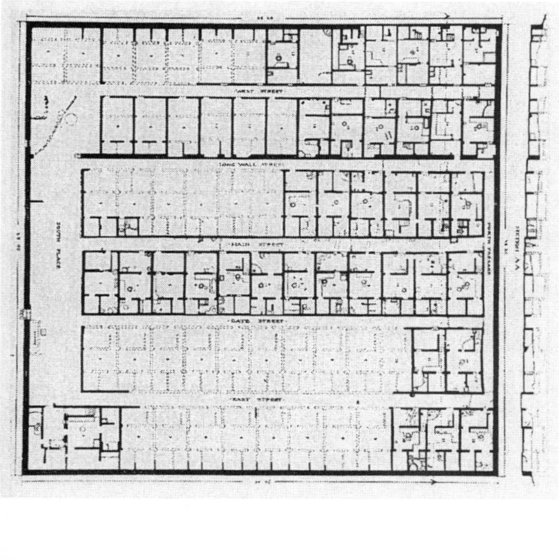

设史中和新城的规划中也时有应用。另一个重要的例子是罗马的露天军营。卡尔多(Cardo)和Decumanus作为军营两条主要的街道,垂直相交并与主要的入口相连。垂直相交的两条轴线的布局方式被罗马人用于大尺度的地形中,作为土地细分的方式(图4.32至图4.34)。类似的住区形态在中世纪的欧洲及稍后的南美和北美的殖民统治中也有所表现(图4.35至图4.36)。格网的规划形态同样应用在Ulster的种植园中和在Derry/Londonderry中,名为"钻石"的公共广场就位于两条穿越城镇的主要街道的

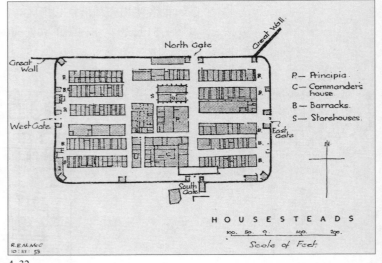

4.32

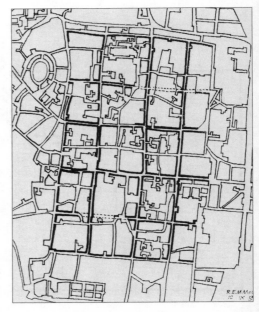

图4.32　豪塞斯蒂兹(Housesteads)
　　　　的罗马要塞平面
图4.33　卢卡(Lucca):在目前
　　　　的街道布局中仍然可以
　　　　看到罗马人的格网结构

4.33

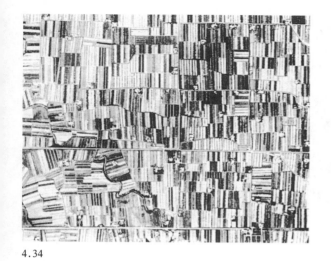

4.34

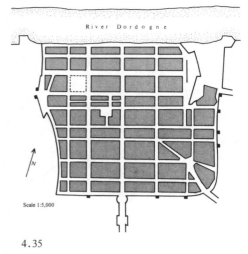

4.35

图 4.34　罗马的土地细分：靠
　　　　近伊莫拉(Imelia)的
　　　　Centuriation

图 4.35　St Foy La Grande,
　　　　吉伦特［贝雷斯福德
　　　　(Beresford)，1967]

图 4.36　萨尔瓦多，1541 年
　　　　Tome de Sousa 规划

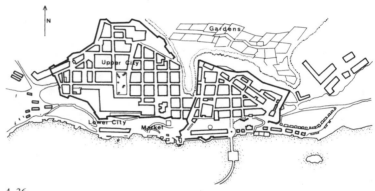

4.36

交叉口上。在旧有城镇围墙内的保护区里,所有的物业都进行了
雅致的更新,为向旅游业服务而发展新用途提供了极大的潜力
(图4.37至图4.39)。

　　机械美学,即使不由规划师和城市设计师明确提出,也仍然
渗透于众多城市发展的实践中。机械美学的思想应用于城市,具
有许多实践的优势。把城市视为机器时,可以根据对其组成部分
所进行的分析,进而进行结构性的改善。城市发展实践的应用方
法包括:交通工程师的技术手段;土地测量师的地产管理和土地
整合技法以及最初由环卫工程师为公共健康设施发明的编码技
术。这种城市形态模式,在实践中,将会导致对建筑编码及规则
的机械化运用,对土地利用区规划和其他规划准则的过分强化,
对交通问题解决方案中的数学模型以及建筑结构标准化方案提
议的不加批判的运用。在机械美学的影响下,城市发展的原因从

4.37

4.39a

4.38

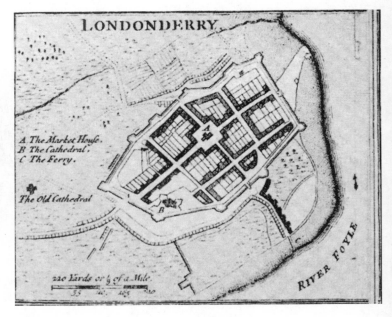

4.39b

图 4.37　德里／伦敦德里，北爱
　　　　尔兰
图 4.38　德里／伦敦德里，北爱
　　　　尔兰
图 4.39(a) 和 (b)　德里／伦敦德
　　　　里，钻石广场（康布兰
　　　　规划，1951）

表面上看似乎是伦理方面。城市发展的目标将包括良好的可达
性、多选择性、经济性和技术性、包括健康良好的生活水准等等，
但除了以上的内容，还应当强调自由性。至于以上所坦率提出的
目标，没有一个是有异议的。而且，其中的许多目标还支撑了目
前城市机械论的观点，但是，由于对可持续发展以及它所强调的
代际和代内平等性在伦理上有着不同的见解，因此这些目标还
需要进行重新的界定和解释。例如，个人的自由性，尽管仍旧十
分重要，却将会受到对社会、对子孙后代以及对大家共有的环境
所承担的义务的限制。多选择性将不得不根据环境的制约进行

界定,而可达性将不取决于个人的支配能力,而是更多地与社会及需求密切相关。城市的机械模式强调部分而不是整体,使得个人与社会相对立,它强调城市形态的构成而不是将城市作为一个整体来看待。这就是为什么机械模式不是可持续城市适宜意象的主要原因。可持续城市的意象必然是整体性的,因此也必然是如何进行问题的判别以及如何将城市设计概念用于解决城市问题的方法论问题。

城市的第三种意象将城市类比为一个有机体,视城市为由细胞组成的有机体。根据这种比喻,城市也可以成长、衰败或死亡。这种独特的看待城市的视点与生物科学在18和19世纪的发展相关。在某一层面上,可以视为对工业革命和城市快速增长的最恶劣特性的回应。这一观点可能已经灌输到许多规划流派的思想中。另一方面,建筑教育的主导思想也是机械美学。当然,这种说法或许过分简单化,但确实可以说规划专业的人士是在霍华德、格迪斯、芒福德以及奥姆斯特德的模式下教育起来的,同时西特(Sitte)、昂温(Unwin)和佩吕(Perry)还为这些思想提供了相应的建筑形式。建筑师在一定程度上更加受到勒·柯布西耶著作的影响,而其他许多现代主义英雄时代的大师们也沉迷于机械美学的浪漫色彩和城市问题的高科技解决方案。建筑师也同样对有机的规则以及应用于城市设计的自然规则进行论述。对弗兰克·劳埃德·赖特(Frank Lloyd Wright)在20世纪早期作品的粗略审视,将可以树立有机建筑的一套与自然景观相结合的模式(赖特,1950)(图4.40和图4.41)。这一独特的建筑理论后来被亚历山大吸收到他的《俄勒冈实验》(1979)中,"……当在个人对

图4.40 弗兰克·劳埃德·赖特设计的住宅的平面图(赖特,1957)。ARS、NY和DASC,伦敦1997

图4.41 弗兰克·劳埃德·赖特设计的住宅的立面图(赖特,1957)。ARS、NY和DASC,伦敦1997

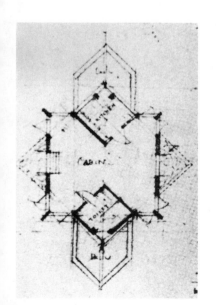

BARGE, "FALLEN LEAF"

4.41

4.40

环境的需求和整体对环境的需求之间得到完美平衡的时候,自然或有机的法则将得以显现。"这第三种有机的城市意象或许与可持续发展的思潮最相吻合。

有机的社会模式可能有部分起源于宗教社会,包括英国和爱尔兰的莫拉维恩(Moravians)以及美国的沙克斯(Shakers)。对城市设计绿色方法视觉识别性上的探寻,或许可以学习以下住区建设的经验,"……住区的规划、设计以及建设应当尊重自然而不是凌驾于自然之上。……社会生活非常简单,并以教堂为中心。人们认识到必须要抚养社会,必须要挣钱,但如果环境是给养信徒们生活的来源,那人们就不得不尊重环境。谢克人(Shaker)认为他们的住区应当通过对贫瘠土地的开垦,并对其进行改善,来实现构造人间天堂的愿望"(Vale and Vale,1991)。北爱尔兰安特里姆的格雷斯黑尔,与其他的莫拉维恩住区一样,以礼拜堂、墓地、学校和村庄绿地为中心。绿地周边为以格网模式沿整洁街道布置的住宅。格雷斯黑尔的建筑采取接近于地方的本土风格。为采用本土建筑材料建造的两层高的简单、独立建筑。这种社区建设的想法和建筑的一致性,为可持续发展城市形态的强烈表现模式问题提供了答案(图4.42至图4.44)。

4.42

4.43

图4.42至图4.44 北爱尔兰安特里姆的格雷斯黑尔

4.44

有机城市规划的主要原则，是通过社区的模式来构筑城市，每个社区作为独立的单元满足日常生活许多直接的需要。在城市的有机模式中，强调的是合作而不是竞争。在一个协作和相互支持的社区中，每个社区的成员都是独立的。健康的社区应当是一个由各种各样的个人和阶层组成的复合体，以趋向最佳和社区平稳前进所必须的平衡。社区中每个成员和阶层在社会中都有其独特的角色和作用。在有机城市的理想世界中，社区在等级上是由单元组成的，而单元又是由次单元构成，次单元依次又由更小的独立的次单元构成。

第二次世界大战后英国早期的新城遵循了这种有机的住区模式，其各组成部分建造得如同有生命的细胞。类似吉伯德规划的哈罗这样的新城是在严格的等级基础上兴建的。城市由四个主要的区构成，每个区有其自身的区中心。区再细分为邻里，每个邻里也有其自身的邻里中心。邻里再进一步划分为独立的居住区，每个居住区再依次细分为居住组团，而居住组团再由最基本的单元——核心家庭的住宅组成（图4.45至图4.47）。麦基

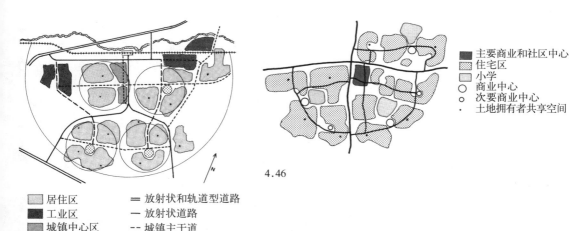

4.46

主要商业和社区中心
住宅区
小学
商业中心
次要商业中心
土地拥有者共享空间

居住区　　　＝ 放射状和轨道型道路
工业区　　　— 放射状道路
城镇中心区　-- 城镇主干道
主要中心区　---- 城镇次干道
· 次要中心区

4.45

4.47

图 4.45　哈罗新城的结构图（吉伯德，1955）
图 4.46　哈罗的邻里结构（吉伯德，1955）
图 4.47　哈罗的居住组团

(1974)为城市内城区街道和邻里的重建设计了一种有意思的有机模式。麦基将他的这一方法称之为细胞更新法,该方法确定了与城市规划有机模式的密切联系。他建议用更感性的、小规模的地区修复和更新来取代综合性的重建。很显然,当时麦基正致力于说明综合性的重建在进行市政设施更新的过程中,对许多重要的社区造成了破坏。细胞更新法的实施依赖于对独立物业的调查,进而对物业的物理结构和居住单元的社会特性进行正确评价。将每个单元或住宅描述为一个细胞。软细胞即成熟到需要立即行动的细胞,是指一个条件恶劣或极需重建的单元或住宅。而硬细胞则是指在重建或修复中优先度较低的单元或住宅,指条件尚可或年老的住户不愿搬离的物业。这种物业可以放在那儿直到住户死去或搬至栖身的住所。邻里的有机概念建议对物业以零散的方式进行缓慢的更新和修复,不对社区形成干扰,同时与住户的增长和衰减相吻合。

结语

　　一般而言,有机城市有其最优规模。城市就像有机体一样诞生及成熟,如果健康良好的话则不断进行维持。尽管在过去城市死亡的场所,并没有像有机体一样,能在同一地点得以城市的复活。根据有机模式,只有当城市各组成部分的平衡得以维持时,城市的健康才能得到保持。可是,新殖民地的扩散导致了城市的过度增长。城市的有机发展模式与可持续发展的概念最为吻合,尤其是它所采用的生态学的特性。城市发展的最佳阶段类似于生物的高峰期,即其组成呈现多样性,同时其组成在包括循环利用、减少废物和污染等层面保持能源输入和输出的平衡。根据城市的这一发展模式,当这种微弱的平衡被打破,出现极度的增长或是自愈功能终止的时候,城市的衰竭开始出现,其后果可以比作癌症或是无法控制的增长。

　　在可持续城市标准化理论的深入过程中,有机的城市意象比上帝的永恒之城、宇宙的微观世界以及诚实工业的钟表式城市等设想具有更明显的优点。有机理论最突出的成就是其将城市视为自然一部分的整体的观点。有机城市并不设在理想但遥远的宇宙,也不对进行的环境技术控制的探索加以限制。可持续和有机的城市理念将概念化住区的根本目标作为整体进行共享,城市的要素或各部分严格分离但相互支持。有机城市具有自然界快乐、多样、微妙的特性。实际上,它就是自然界的一部分。

　　在可持续城市理论和有机理论中,进程和形态都是一个。但城市建造的进程导致了城市的形态,而城市的形态从一开始就是明显的,像亚历山大等(1987)建议的模式都处于萌芽的状态、发展的起点。橡实可以长成一棵橡树,而每一棵橡树都是以特定的方式由相同的元素所构成的,但是,却没有两棵橡树是一样的。可持续的城市也是如此,它们都是依据有关各组成部分的设计原则和连接手段建设起来的。各组成部分的设计和相互联系的特点将是以下章节的内容。但是,其中有些形式与有机城市相关,并作为有机城市的象征,其中最为明显的是城市周边的绿带和城区内的开放空间。与有机城市相关的形式还包括通过利用传统的建筑材料和采用与景观协调的地方建筑形式,使得建筑看似从地上生长起来的或是环境的一部分。有机城市的城市结构是非几何的,道路沿曲线路径布置,而城市空间如画一般并以西特设想的方式布置。在整体结构方面,有机城市的模式在城镇和乡村之间及确定的中心和明确限定的区或邻里这些其他部分之间有着明确的边界。在探讨未来可持续城市的可能形态时,有机城市的这些标志似乎都是可以利用的概念。这些概念或许可以为将设计的传统演化为适应于可持续城市的内容构筑基础。

有机的城市意象具有一定的局限性。城市并不是一棵树(亚历山大,1965)。城市不能自行生长、繁殖和治愈,而改变它们的因素是人类。用心脏、肺和动脉来模拟一座城市并不有助与对城市中心区的衰败、污染和城市街道拥塞问题的分析研究。然而,用人类或动物解剖学上的术语描绘城市,或许有助于通过类推的方法提出解决问题的建议[德博诺(de Bono),1977;戈登,1961]。从分析的目的而言,自然界中最有效的比喻为生态系统,即对动植物进行稳定的安排并与其他环境要素维持微弱的平衡。可以对生态系统中各组成要素之间连接的关系或特点进行剖析并模式化。从而可以估算出系统中任何要素的改变所导致的后果。麦克劳克林(1969)和查德威克(1966)以及其他学者在20世纪60年代曾经倡导这种规划方法,对于规划的日常实践来说,这种方法复杂的特点或许导致了它过早地被抛弃了。而未来发展可持续的城市,或许需要对系统的分析技术进行重新审视,以观察其是否可以用来完整地表现城市的问题。系统的思想或许可以成为概念上的框架,而这一框架对极具复杂性的城市发展进程分析却至关重要。

第五章 城市形态

引 言

本章探讨的是城市形态和可持续发展之间的关系。特别要总结出有关城市形态类型学的一些结论。本章主要讨论的三种城市形态原型为：带状城市、格网城市以及高度集中发展的内向型城市。每一种形态都有其盛行的修饰意境，它们分别为：宇宙化城市、机械化城市以及后来的有机城市。例如，格网的城市布局主要用来物质化地表现宇宙化和机械化的城市意境（林奇，1981）。不过比较少见的是用格网的形态表现按有机的城市意境布局的住区，就像在格雷斯希尔一样。中国的城市采用的是格网的形态，但体现的是宇宙化的格局（博伊德，1962；惠特利，1971；赖特，1977）。根据中国文化，是把城市作为一个完整的微观世界进行设计的。格网的形态赋予了城市机械化的内涵，并对其自主的部分进行了强调，使每一部分都有其独立的功能。但是，尺度、比例以及宏大轴线等手法强调的却是商业社会中汽车交通的优势，而在这种环境下，这些手法是不会用来作为反映宇宙特性的手段的。这二者之间的差异可以从一个罗马人的宿营地或勒·柯布西耶设计的现代城市和按印度理想城市建设模式构筑的坛场之间的差别得到充分说明（图4.25、图4.32和图5.1）。

古印度的城市规划理念是建立在《Silpasastras》的基础之上的，该著作确定了地块划分的模式，并以此作为控制宇宙混沌时期邪恶力量的手段（罗兰，1953；达特，1925；舒克拉，1960）。印度的坛场是由一系列的环构成，用正方形进行划分后，最强大的点构成了坛场的中心。主要的活动，特别是沿着围场进行的游行，是按北半球太阳运转的主导方向顺时针方向组织的。马杜赖（图5.2），形成于16～17世纪，就是按照坛场的理想模式建设起来的。城内有环状的街道，没有使用放射的轴线而是采用明晰的变形网格，其中，最神圣的建筑占据了中心的位置。

这三种主要的城市形态原型已经针对不同的目的演变出各种城市结构的复合组合。而一座城市形态的形成取决于包括选址、地价和社会结构等诸多方面的因素。其中，一座新城城市结构的选择可能要受到以下几个方面的影响：密度、城市中心区的

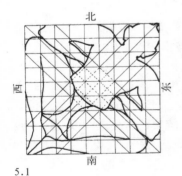

5.1

5.2

图 5.1 印度的坛场
图 5.2 印度的马杜赖城（林奇，1981）

形态和功能布局、社会基础设施和就业岗位的分布以及生活方式的理想模式。按可持续发展的原则对这些模式进行精简是一件非常棘手的工作。幸运的是,第二次世界大战后英国建成了相当数量的新城,这为就近研究城市形态提供了一个广阔的领域。

带状城市形态

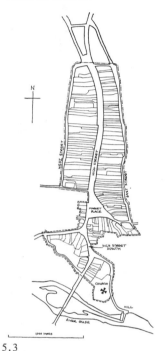

5.3

图 5.3　中世纪带状布局的居民点,奥尔尼·巴克斯(贝雷斯福德,1967)

图 5.4　工业城的居住区(威本森,日期无)

图 5.5　工业城的住宅(威本森,日期无)

带状的城市形态在许多中世纪自然形成的城市中有所体现(图5.3)。不过,在工业革命后,带状的城市形态才更为普遍。它们与机械化的城市意境联系最为紧密。带状城市形态的最主要特点是其快速而有效地处理城内和城际大运量客货运输的能力。另一个特点就是其具有理论上的无限扩展能力。早期带状城市形态的两个范例有索里亚·玛塔为马德里郊区兴建的Giudad Lineal和通吉·加尼尔设计的工业城市(图4.26和图4.27)。马德里的带状郊区在上一章中已有所讨论,而工业城市的有关内容在之前也有所提及。不过,作为可持续发展的城市形态,带状城市的其他特点还值得我们去深入的探讨。在加尼尔的理想城市中,能源中心占据了最重要的区位(威本森,日期无)。加尼尔选择了水力电气作为能源的来源,预示出了今天我们在可再生能源方面亟待实现的工作。在工业城市中,住宅的形式和布局由地块的方位所确定。建筑形态的设计主要考虑为所有的家庭提供良好的通风和采光。这些都是在设计可持续的住宅中需要重点考虑的内容,其目的就是尽量地获得阳光,减少对机械通风的需求(图5.4和图5.5)。加尼尔关于土地区划的理念也是一个重要

5.4

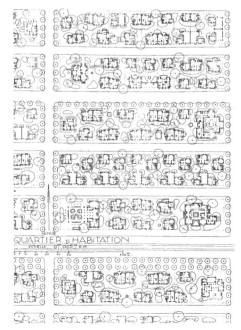

5.5

的探索和尝试,但对现代城市规划带来的变革和震动相对薄弱一些。

其他一些关于建筑和城市规划现代运动的探索,是在本世纪初的俄国展开的。早在后革命时期的俄国,当时建筑设计的指导思想就是要服务于广大无产阶级的需要,而不是服从于贵族阶层和富有资产阶级奢华的品位。在当时还涌现了两个对立的流派,分别为"城市化"学者和"反城市化"学者。"城市化"学者提倡高层、高密度的开发模式,"配以完善的公共服务设施的庞大公共住宅网络"(霍顿·埃文斯,1975)。相反,"反城市化"学者建议将居住社区在郊区范围内分散布置。"反城市化"学者的目标在于消灭城乡之间的差别,"农业地区不仅应成为生产的中心,还应当成为加工业的中心。……乡村住宅……是发展生产的先决条件。……从制造业向原料基地的转移以及工业和农业的协同管理,同样是居住规划和人口布局的一个新的条件。不过这种新的规划会引发用地方材料建设廉价住宅的问题"。"反城市化"学者的观点具有一定的全局性,并将城市纳入其整体环境进行统筹考虑,"我们必须停止分片零散的设计思路,而开始对环境进行整体规划,以开展生产的布局,并对苏联整个经济区内的工业和居住布点进行配置"(科普,1970)。在"反城市化"学者的宣言中还有许多有益的想法,有一些毫无疑问与可持续性的理念相吻合。然而,"反城市化"学者所高唱的这部分理念在苏联的实际开发过程中却没有实现。相反,"城市化"学者的观念更为政策所接受,并由此在国家的控制和规划的引导下展开了非人性化的城市开发。在城市化的进程中,尽管对环境资源的开采利用进行了规划,但是仍然导致了环境大规模的恶化,所造成的这种环境恶化可以与西方政治体系所造成的恶果等量齐观。

"反城市化"学者的重大贡献在于其带状城市的开发理念。米柳廷在他的论著里以及在他编制的斯大林格勒战时规划中,将带状的概念发展为一种城市及其区域可灵活扩展的城市形态。根据米柳廷所遵循的"反城市化"学者的理论,居民区应当和一条主干道相连,住宅分布在郊区主干道两侧300英尺宽的居住带中,和城市设施之间具有良好可达性。各项配套设施根据需求人口的情况分布(图5.6和图5.7)。

自米柳廷后,带状城市的概念深得许多"城市化"学者的人心。著名的现代建筑研究社团(MARS),热衷于将CIAM(国际现代建筑联盟)的理念在英国推行。他们为因第二次世界大战受损的伦敦编制了伦敦的总体规划。这就是著名的MARS伦敦规划。MARS将伦敦视为一座技术效率低下的败落的工厂。在分析了都

图 5.6 和图 5.7　米柳廷的带状
城市（科普，1970）

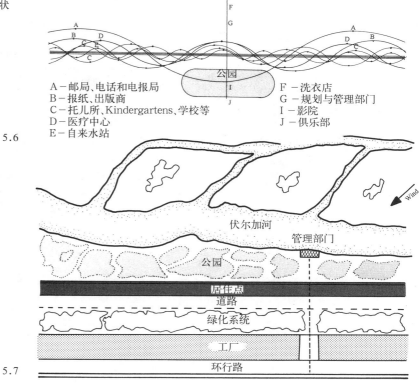

A－邮局、电话和电报局　　　　F－洗衣店
B－报纸、出版商　　　　　　　G－规划与管理部门
C－托儿所、Kindergartens、学校等　I－影院
D－医疗中心　　　　　　　　J－俱乐部
E－自来水站

5.6

5.7

会区庞大但拥塞的交通系统后，MARS提出了一个更有效率的城市结构。并考虑到了居住、就业以及包括公共空间在内的娱乐设施的提供问题。MARS的规划方案是一个基于解决问题角度的方案，即在对伦敦面临的突出问题进行仔细判别后，提出"制定一个以格网为基础进行城镇布局和开发的总体规划"（科恩和萨缪埃利，1942）。该规划中所用的"格网"并非后面几章中所说的"格网"的一般概念。MARS所制定的伦敦规划中将一系列带状形态的单元沿交通网络布置。每一个结构单元，尽管在实际的开发中受到现状建成条件的限制，但在理论上却是一个宜于扩展的模式（图5.8）。

　　MARS关于格网交通的概念看似简单，但实际上，它是基于对人流和货流的理性分析基础上而制定出来的关于大运量公路接驳的复杂系统。该规划的目标之一，是要提高公共运输的重要性"通过对公共运输系统的优化组织，利用私人小汽车进出城镇的数量将会很少，同时也将局限于某些行业中。私人小汽车的其他出行将主要为娱乐服务"（科恩和萨缪埃利，1942）。MARS同时还提倡公路的设计和使用应只局限于公共运输。这种只有巴士通行的公路将没有交叉路口的干扰，同时设施的运转将严格

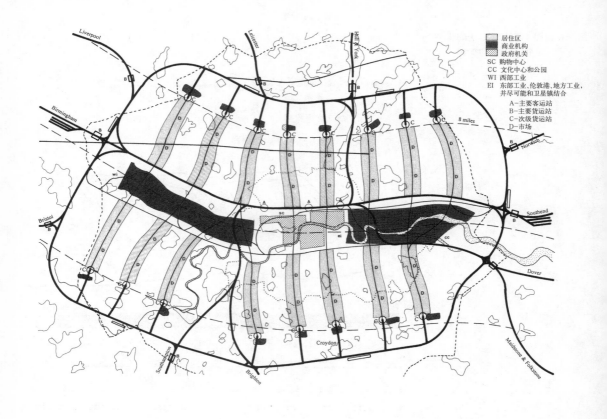

图 5.8　MARS 的规划（科恩和
　　　　萨缪埃利，1942）

按时刻表进行。1942年，在英国诞生了将铁路和公交巴士整合为
一个完整的公交体系的理论。此外，在城市形态的设计中，开始
将"有机交通"（即公交车辆）和"弹性交通"（即私人小汽车）等量
齐观。

　　MARS的规划设想了一条1.5英里宽、8英里长的居住带。居
住密度大约为每英亩55人，这个数据常为可持续发展领域的论
著所引用（巴顿等，1995）。从伦敦外围直插市中心的"绿楔"，提
供了娱乐、保健和教育设施建设的场所。所有的居民都将居住在
区镇中心和风景区的步行范围内。MARS还提出了建立联系城
郊和市中心的指状景观带的想法，这被证明是可持续的城市规
划中一个有益的内容。MARS的伦敦规划是关于城市形态的有
益尝试。不过，在实际的操作中，最终采纳的是第二次世界大战
后阿伯克龙比吸收霍华德的理念而制定的大伦敦规划（阿伯克
龙比，1945）。

　　第二次世界大战后，在20世纪60年代所兴建的第二代新城
中，有相当数量是基于带状城市的概念建设起来的。在这些带状
新城中，值得一提的有：雷迪奇；由普雷斯顿、莱兰和乔利组成的
森特兰斯；朗科恩；特尔福德和北巴克斯的第一轮规划。

休·威尔逊在其关于北汉普希尔、贝德福德和白金汉希雷的区域研究报告中,倡导通过公交轴联系所有开发项目的带状结构(威尔逊等,1965)。威尔逊在1964年接受雷迪奇新城的规划委托时,应用了这一理念。图5.9为雷迪奇的基本城市结构。规划的关键思路是建设一条不受其他交通工具所干扰的公共运输道路。作为片区中心的社区服务设施沿交通轴的公交站点分布。片区内采用混合的土地利用模式,包括居住、工业、娱乐和其他相关土地用途。片区的范围控制在半英里以内,所有的区域到达市中心和公交站点的距离都控制在10分钟的步行范围内。尽管该设想诞生于1964年,但规划的思路在今天看起来仍然像当年一样充满着活力,这样的思路可以应用在任何关于可持续发展城市的设想中。

有一项关于mid-Lancashire地区的区域研究提出了将普雷斯顿,莱兰和乔利联合发展成为带状城市的建议[马修

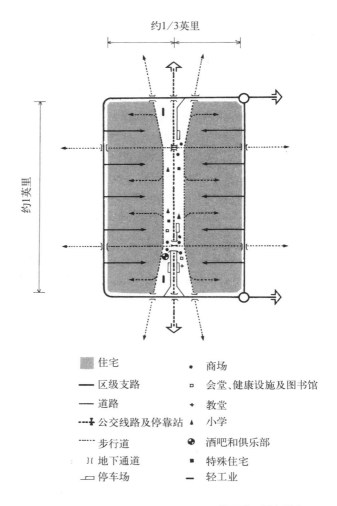

约1/3英里

约1英里

▨ 住宅	● 商场
── 区级支路	▫ 会堂、健康设施及图书馆
── 道路	✦ 教堂
▪-■-▪ 公交线路及停靠站	▲ 小学
⋯⋯ 步行道	◉ 酒吧和俱乐部
)(地下通道	■ 特殊住宅
⊐ 停车场	── 轻工业

图5.9 雷迪奇(霍顿·埃文斯,1975)

(Matthew),1967]。现状的三个居民点是由一条三车道的道路联系起来的,中间的车道作为"社区线路"只供公共交通所使用。外面的车道都是汽车车道。在公交线路的两侧,是按拉德本居住开发模式规划的人口约50万的城区(图5.10)。

曾参与MARS伦敦规划的阿瑟·林是继索里亚·玛塔之后第一个在城市规划中专门考虑公共运输系统的规划师。切希尔的拉德本是在现状的3万人居民点的基础上扩展来的。该地区原有一个工业基地,林将规划人口增加至10万人,以吸引额外的就业来将其发展成为一个强大的地方性经济中心。人口布局采用的是分散的带状方式,"新的居住小区采用带状的方式沿公交干道两侧布置,可以使大部分人在5分钟的步行范围或500英尺内到达公交线路的停靠站"(林,1967)。由于受现状建成条件的限制,在城镇规划中是不可能采用纯粹的带状形态的。林的解决方案既简单又出色,他将带状结构沿自身进行旋转,形成8字形的形态,并将镇中心布置在中心点上(图4.24)。规划的核心是一条公共汽车专用道,将所有的邻里和市中心联系起来。服务于私人小汽车的高速路穿越整个城区,通过支路与每一个社区相连,但社区之间是无法直接贯通的。这是英国的新城中惟一专门为公共运输设计的城市。

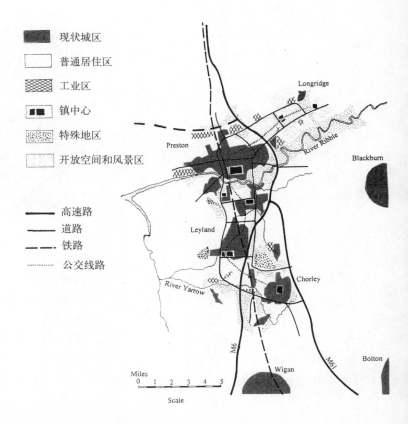

图5.10 Lancan希雷中心(马修,1967)

96

在许多战后新城的建设和郊区的扩张中,道路的布局形式主要考虑私人汽车的使用,然后才将公共运输线路布置在合适的路线边上。这在一定程度上减少了公共运输系统的使用频度,使公共运输成为了不经济的社会服务设施。因此,我们应当注意到,对于一座新城,公共运输的布局至关重要,它作为城镇结构的主干,应当成为城镇规划中基本的内容,而不是事后再思考的问题(林,1967)。

在今天看来,这些想法是多么的正确啊。即使拆除了一些早期的住宅,拉德本仍不失为可持续城市的一个成功典范(图5.11至图5.14)。

在20世纪60年代的英国,其他两个关于带状城镇的设想,尽管从未实施,但却将带状城市的概念推进到了令人关注的方向。

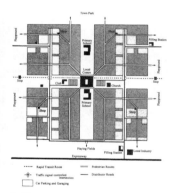

5.11

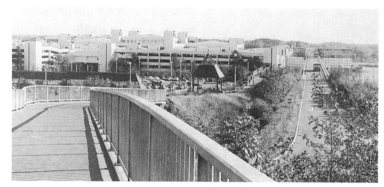

5.12

5.13

图 5.11　拉德本的一个社区 (林,
　　　　　1967)
图 5.12　拉德本的镇中心
图 5.13　拉德本的公交线路

5.14a

5.14b

图 5.14(a) 和 (b)　拉德本的早期住宅

第一个设想是关于道利的（即后来的特尔福德），规划沿一条镇域的人行道以带状的方式布置镇中心的功能。人行道相连成环状。在步行环的中心布置了镇中心公园。郊区环绕在圆环状的城镇外围。每一个居住区，作为圆环城镇的一个组成部分，与镇域的人行道、中心公园和开敞的乡村通过步行道相连（图5.15）。机动车道和步行道则采用拉德本的发展模式，相互独立。

米尔顿·凯恩斯第一轮规划的城市结构也是基于带状城市的概念。米尔顿·凯恩斯的最初设想在可持续发展方面较后来实施的"免下车城市"更有意思。而白金汉县在1959年也曾努力探索过解决人口大量增长的措施。并决定将剩余的人口安置在一座规划人口25万的区域性城市中。该规划基于带状城市的概念，城市的形态取决于公共运输系统的布局，并依托公交线路的停靠站进行城市

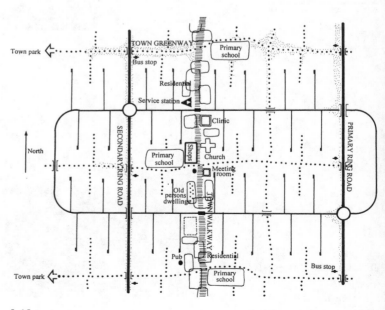

图 5.15　特尔福德（霍顿·埃文斯，1975）

5.15

的开发。规划建议采用单轨铁路作为新城的公共运输系统。每个社区的规模在5000～7000人之间,并以车站作为中心,从车站到住宅的最大距离保持在7分钟的步行距离内。整个镇域的人口密度大约为每英亩50人。住宅区由一、二层楼高的带庭院的住宅构成,但靠近车站的街区可适当增高。

在米尔顿·凯恩斯的第一轮规划中,其带状的城市结构由四个主要的环构成。整个镇域有两个相连的公交环连接居住、就业和市中心区。市中心本身也是带状的形态,并具有理论上的可扩展性。与住宅的联系采用拉德本的独立的道路体系(图5.16)。单轨铁路的运营费用比完全的汽车交通要高。但是,使用单轨铁路:"单位乘客每英里所花费的费用将比汽车出行要少,而其60年的建造、运营和更新的费用要比其他相同运营容量的可选方案要低"(霍顿·埃文斯,1975)。如果将可持续发展作为一个重要的考虑因素,在计算实际的环境消耗之后,单轨铁路的方式将毫无疑问地远优于别的运输方式。

带状城市的概念已经发展成为沿交通和基础设施走廊无限延长的城市结构的概念(马奇,1975)。中心位的活动场所沿着这些走廊布置,采用的是与米柳廷类似的模式。但与米柳廷和苏联"反城市化"学者的设想不同,马奇的理论对镇和乡村进行了明确的区分。根据这个特别的理论主张,城市的每一部分都靠近乡村,同时可以不经过镇而穿越整个乡村(图5.17)。

马奇(1974)理论的出发点是"是线非面"。该理论主要依据对Fresnel正方形的聪明理解(图5.18)。Fresnel正方形围合成的每

图5.16 单轨铁路的城市(霍顿·埃文斯,1975)

图5.17 带状城市(马奇,1975)

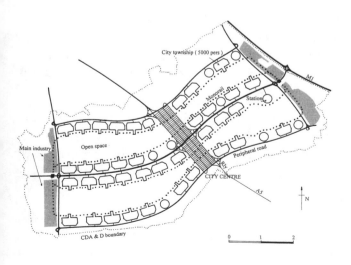

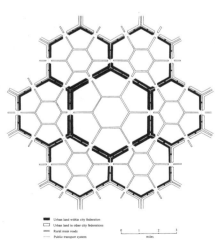

5.16

5.17

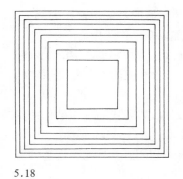

5.18

一个连续的"环"不断以中点为中心缩短边长,但每一个环的面积和中心的正方形相等。如果每一个环代表建筑布置的可能方式或是城市发展的区域,那么每一个环都会在内部布局、设施供应、照明、供热以及外部空间的利用方面存在着差异。最大的差异在于亭塔状中心发展模式的中心区和院落式周边发展模式的外围地区(图5.19和图5.20)。例如,设想一下这两个区,即中心地区(面)及周边地区(线)都要开发为四层的建筑。在达到自然采光和通风的相应标准方面,外围地区(线)要比内核(面)的问题要少。在内核地区采用亭塔状的发展模式需要建筑的采光达到相当的程度。简而言之,需要通过提高建筑的高度或增加基地的面积以获得和外围发展相当的建筑容量(图5.21和图5.22)。

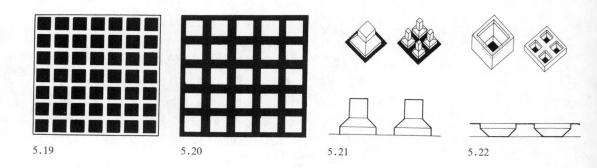

5.19   5.20   5.21   5.22

图5.18 Fresnel 正方形
图5.19 亭塔状的开发模式(马奇,1974)
图5.20 院落式的开发模式(马奇,1974)
图5.21 亭塔状的开发模式(马奇,1974)
图5.22 院落式的开发模式(马奇,1974)

马奇(1974)用城市发展的进程来支持他的带状城市理论。出于经济的原因,过去的城市发展往往沿着道路沿线展开(图5.3)。但是,马奇的理论中却忽略了同样沿交通沿线进行的中心地城市的发展。这些中心地如同磁石一般将城市发展吸引到了某些特殊的区位,如同克里斯泰勒在德国总结出的发展模式(克里斯泰勒,1933和1966)一样。中心地的引力改变了原来纯粹的带状发展形态,催生了高价的房地产。这种结果是马奇的块状发展模式所不提倡的。

有大量的文献说明沿着地块周边布置住所的方式有着漫长的历史。例如,这种地块的开发模式在传统社会的院落住宅中可以看到,同时,它还是非洲一些地区的一种住宅典型形式(芒福汀,1985;德尼尔,1978)(图5.23)。这证明了这是一种在边界清晰的地块或街区布置住宅的适宜方式(马丁,1974)。如果将这一概念的应用扩大到区域、国家和超国家范围,将脱离这一理念原有的意义。建设一座从伯明翰经伦敦,沿欧洲运河和莱茵河延伸的带型城市,对世界而言如果不是恶梦的话,那也只是一个幻想。这种设想对索里亚·玛塔在马德里郊区规划中所提出的概念

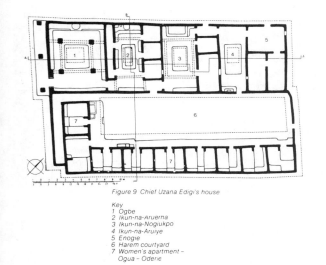

Figure 9 Chief Uzana Edigi's house

Key
1 Ogbe
2 Ikun-na-Aruerna
3 Ikun-na-Nogiukpo
4 Ikun-na-Aruiye
5 Enogie
6 Harem courtyard
7 Women's apartment –
   Ogua – Oderie

5.23a

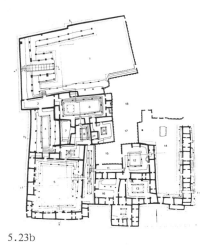

Yoruba
Afin Akure

5.23b

图 5.23　非洲的四合院住宅。
(a)Lgbo；(b) 约鲁巴人
的住宅（Dmochowski
in Moughtin，1988）

有失公允。但在公共运输走廊中有限地使用带状形态在实现地
方可持续发展方面极富潜力。

格网城市规划

　　格网的形态在城市形态的构筑中有许多应用的手法,它在所
有的三种标准城市模式中都有所应用。例如,在Teotihuacan城
就采用格网的形式使城市成为了宗教的象征(图4.7)。在殖民地
城市的新城中,格网还作为土地划分的一个广泛使用的手段,用
于表现城市对机械美的技术需求。此外,劳埃德·赖特在广亩城
市的设想中提议用高通行能力的格网道路覆盖整个区域,其中
每户占地一英亩,并自行建设可扩展的家庭住宅(劳埃德·赖特,
1958)。劳埃德·赖特赞赏游牧民作为拓荒者居住在宽广的开敞
空间中的优点,同时批判了以往城市中高尺度的开发形态,并表
达了回归自然和有机城市的理念(图5.24)。格网形态作为一种
通用的城市结构,赋予了城市各不相同的形态。
　　格网的城市规划包括五种主要的形式:

• 互嵌套的方型格网体系
• 有严格正交的几何形态的棋盘式格网规划
• 定向格网
• 三角形格网
• 不规则的网状结构

　　网格结构用不断细分的嵌套方形表现宇宙化的象征。东南亚

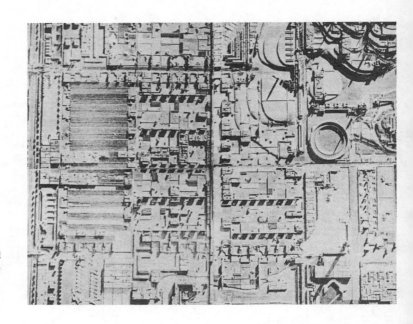

图 5.24　广亩城市（劳埃德·赖特，1958）。版权为 ARS、NY 和 DACS，1997 伦敦

城市层次分明的嵌套格网结构以自然的观点表现了宗教和人权的阶层性，每一个阶层都有其恰当的区位、色彩以及建筑材料。围墙、大门以及对称的通道都充满着一种魔幻般的保护力，而这种保护通过用于建城立市并维护相应的社会经济结构的一些仪式得到了强化。几何和风水，作为许多古代城市网格城市结构的基础，除了史学和人类学的价值，与21世纪可持续的城市毫不相关。找寻可持续城市的形态需要朝着别的方向努力。

　　由标准方形群屋构成的格网形成的"方格型形态"，类似于罗马殖民住宅所用的标准结构。在理论上，方格型的规划可以通过在周边增加群屋而在任意方向上扩展住宅。方格型规划作为开发用地划分和出让的有效手段已经得到了证明。在城市发展的最初阶段，由于产权分散，因此群屋往往是开敞式的。到后期，屋前临街的空地也建上了房子。到最后，后院也盖满了房子。在发展的压力迫使住所向周边扩展之前，老镇子里的建筑都已经被推翻了，中心区的群屋开始重建，建筑的高度较旧时有所增加。已经证明这种传统的格网结构是旧时最可持续的一种城市形态，经历了多世纪城市建设和重建发展的考验（图4.33）。对于那些提倡将密集居民点作为可持续城市形态的理想模式的理念来说，方格型形态的规划提供了更深远的实验领域。但是，作为方格型形态传统的表现形式，正交的格网在尺度上表现出一定的局限性，只适于步行尺度的聚居点或聚居点的一部分，也就是说，适用于类似北爱尔兰格雷斯希尔那样的半英里见方的范围（图4.42至图4.44）。超过这一尺度，方格型形态会显露出视觉上的乏味性,并丧失其形态清晰的特点。正如林奇所言,这种形态在城市意向上比较微弱。

方格型形态的变化之一是定向格网。定向格网在带形结构中有其独特之处,沿特定方向平行的道路,与带形城市的作用相同,强化了两地之间轴向发展的趋势。方格型形态的另一种变化是三角形格网,由三个方向的平行路网体系构成。三角形格网增加了交通的弹性。再加以方格型格网,正像朗方的华盛顿规划,将会增强斜向交通的能力(图4.12)。三角形格网及其他非矩形格网结构,例如六边形格网,会形成难用的路口和地块。勒琴斯(Lutyens)编制的新德里规划是三角形格网的几个实例之一[欧文(Irving),1981](图4.16)。而亚历山大在1975年描绘了关于不规则网状结构的蓝图(图5.25)。亚历山大将其确定为一种低密度的居住开发模式,交通道路间距较宽,群屋被农田、集中的商业菜园、森林和原始的乡村所包围。主干道的沿街路面为带形的住宅和其他城市建设用地。在20世纪,尤其在下半世纪,城市发展中格网形态的使用不再采用严格的方形格网而更多地采用的是方形格网的不规则变形。

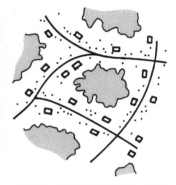

图5.25 不规则格网(林奇,1981)

在20世纪60年代,有相当数量关于新城的重要研究将汽车的无阻碍交通放在了规划的首位。这些研究的结论认为有部分格网结构将可以很好地满足小汽车运行的需求。这些结论对可持续发展的研究本身并不重要,重要的是对这些城市结构的一个理性研究过程。对可持续城市形态的探索应当以这些研究作为城市设计程序的样本。它们秉承着明晰的目标,真诚地探索,这些研究的重要目的在于个人化的交通运输方式。对于一个可持续城市形态的研究来说,其目标就是要设计以步行和自行车为主的公交优先的城市结构,而私人小汽车除了一些有限的特殊用途外,将具有较低的权重。尽管60年代许多关于新城的研究摒弃了邻里的概念,但他们必然全都换之与在地块内按人口进行的分片开发。而组团的尺度取决于社区到主干道的交通发生量和最佳的分布方式。可持续发展的开发模式将以不同的前提为出发点来决定片区的人口数量。在可持续的住区中,组团的划分将更多地取决于公交系统所能支撑的人口数量、政策因素以及学校和其他社会设施的服务区域。

比沙南(Buchanan)在20世纪60年代早期,曾在伦敦中心区的Marylebone理论研究中使用过正交格网形式(比沙南,1963)。他根据超大街区或群屋的交通发生量来确定格网的尺度。如果外圈的道路间距过宽,那么,承担地块内交通发生量的道路和群屋内的内部道路将不得不设计成高运量的主要道路。另一方面,如果主格网之间道路的间距过小,那么,形成的交叉路口距离将会太近,而其路口的数量对于自由通行的交通组织而言也是太多了。比沙南的计算表明4500英尺见方的用地能够承担的最大交通发生量为每小时12200辆小汽车。这是正交格网形式交通流量的上限值。在道路系统中,这个限值主要是由交叉口的数量决定的,并最终决定整个道路系统的流量(图5.26)。比沙南的研究影响了60年代后期到70年代英国新城建设中对格网的进一步使用。正交的网格作为一种道路系统的组织方式,特别适用于在大型的都市区内组织自由通行的交通,"由于要采用高速公路就必须限制交叉口的数量,因此,要在一个大的区域内进行交通的分配组织,合理的办法就是采用棋盘式的格网体系,这与带形结构形成了对比,规划师们更多地关注应用棋盘式的格网体系……来实现城镇交通的均布组织,而不是在有限的几条线路中集中布置公共运输系统"(霍顿·埃文斯,1975)。

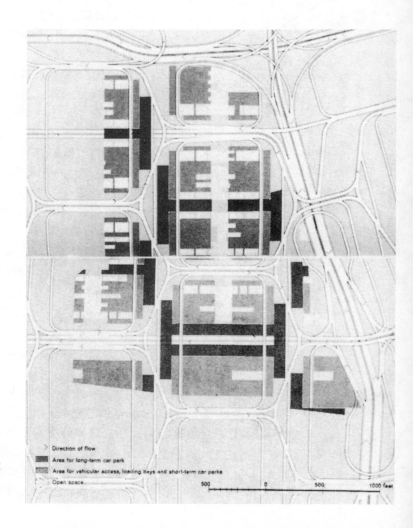

图5.26　比沙南为伦敦中心区设计的格网结构(比沙南,1963)

达勒姆县进行的华盛顿新城研究,是20世纪60年代为探索最适宜的城市形态所进行的另一个研究(卢埃林·戴维斯,1966)。同比沙南的研究一样,华盛顿规划中也强调了机动车的自由通行(图5.27至图5.30)。60年代的新城都是作为区域中的一个功能分区,即不再将英国的新城视为一个高度独立的地区。对一座新城来说,其区域和大城市背景的意义就是要在城市形态的设计时考虑区域尺度的设施流动。采用格网形式组织的高运量道路的区域网络,解决了分散布局模式的日常交通问题。而作为战后早期英国新城建设的指导原则的邻里概念,其适用性令人质疑。现在,在新城开发是要把新城作为一个综合的叠加结构进行考虑,而不再是由工业区、住宅区和镇中心等简单功能要素组成的区域。此外,人们还不再认为新城有其最终、有限或理想的尺度。因此,华盛顿或其他同期的新城规划的首要目的就是要适应增长和变化的要求。

尽管摒弃了邻里的概念,华盛顿规划仍设想了一个基于4500人村庄的居住模式,也就是配套一所小学的规划人口。这些村庄,像拉德本,除了叫法的不同外,其他内容都与邻里完全相同。

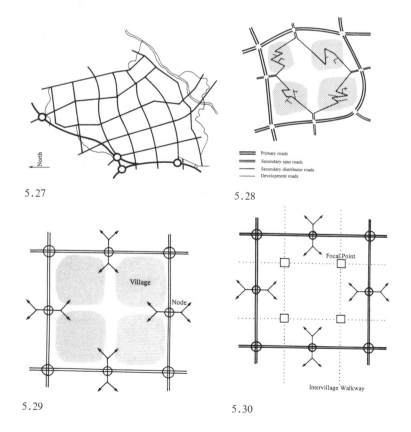

5.27

5.28

Primary roads
Secondary spur roads
Secondary distributor roads
Development roads

Village

Node

5.29

Focal Point

Intervillage Walkway

5.30

图 5.27　半英里见方的华盛顿新城 的 格 网 结 构(卢埃林·戴维斯,1966)
图 5.28　华盛顿新城的道路等级
图 5.29　1 英里见方格网结构的华盛顿新城规划
图 5.30　华盛顿新城中联系市中心的步行道

4500人的村庄按照通常两层高的开发密度需要半英里见方的用地。作为步行优先的地区，村庄的建设考虑要适宜步行者通行，设置的步行道将村庄的所有部分和中心区相连。每村都有格网型的主干道路网覆盖全镇。服务村庄的地方道路与主网格的中点相连。因此，地方道路形成了联系村庄的次网格系统。同时，次网格系统通过斜向联系村中心和主网格以及形成的回路，成为了一条隐含的捷径。

对以上设想进行的进一步交通分析表明，1/4英里的交叉口间距极大地干扰了交通流的运行，而在格网和区域性道路的交会点，系统的部分交通流量较以往大大增加，破坏了在整个网络内交通流量均匀分布的目的。在这些分析结果的基础上，规划将道路的间距有原来的四分之一英里调整为1英里见宽，与比沙南提出的格网结构差不多。在这个1英里见方的格网中，有四个4500人的村庄，并通过步行系统将所有的村中心和镇的人行道相连（图5.28）。但是，主格网的尺度主要取决于私人小汽车的需求，而穿越村中心的次级线路主要是为公共汽车所服务的。

当比沙南接受南汉普希尔的规划研究委托时，再度进行了格网体系的研究（比沙南等，1966）。他提出了发展和重建从南汉普希尔到朴次茅斯的发达城市密集区的设想（图5.31至图5.33）。该

图 5.31　南汉普希尔的规划研究，向心结构（比沙南等，1966）

图 5.32　南汉普希尔的规划研究，拥有不同道路等级的格网结构

图 5.33　南汉普希尔的规划研究，定向的格网结构

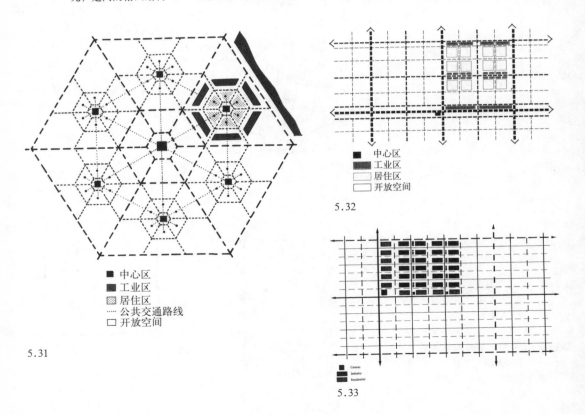

■ 中心区
■ 工业区
▨ 居住区
⋯ 公共交通路线
□ 开放空间

5.31

■ 中心区
■ 工业区
□ 居住区
□ 开放空间

5.32

■ Centres
■ Industry
□ Residential

5.33

研究的这一部分成果成为20世纪60年代"现代规划"理性分析领域的里程碑。比沙南就三种基本的城市形态进行了对比，分别为放射同心圆式、正交网格式和定向网格式。他揭示了在交通因素作为必须考虑的内容时，这三种形态是如何适应公共和私人交通的需求的。他发现放射同心圆形式在适应增长和变化方面稍逊于其他两种格网形式。并最终赞同定向的格网形式结合了格网和带形形式的优点。

图5.34　南汉普希尔的规划研究，道路等级示意

比沙南按照以下的标准程序进行设施和道路的等级划分。每一等级的活动，都有相应的道路系统的联系方式与之对应。例如，从家到学校，对应的联系方式是步行道；从地方中心到片区中心，联系的方式是次干道；从片区中心到镇中心，联系的方式是大一些的干道。道路系统可以从镇的等级体系扩展到区域或全国的等级体系。这种等级体系甚至可以包括国际级的道路。根据该体系，将出现低等级道路与高等级道路相交的节点。当这种等级体系与"定向格网"结合后，将生成如图5.34所示的布局结构。最低级别的道路距离最近，并相互平行。而这些道路再与上一等级相互平行的道路相交。二者相交的角度为直角，但上一等级道路有着较宽的道路间距。再上一等级的道路再与这些第二等级的道路垂直相交，并有着更宽的道路间距。第三等级的道路与最低等级的道路平行，但在两条第三等级的道路之间，有着一组最低等级的道路。

比沙南在他的研究中就地方和长途的交通运输进行了划分，即就发生和目的地都在系统内部的交通以及单是到达、始发或途经系统的远距离交通进行了划分。比沙南解决这一问题的方法是在每一等级的道路中就这两种用途分别明确相关的道路。"绿色"的道路是为过境或随机交通而设计的，"红色"的道路则是为地方交通而设计的。因此，绿色的道路不能进行沿街的开发，而红色的道路则会集了那些要求可达性的城市活动。在格网结构中进行道路的功能分区的理念最早是在勒·科尔比西耶的昌迪加尔规划中提出的（图5.35）。昌迪加尔的发展规划用主干道划分出超大的街区。每个超大街区再通过次干道进行细分，并为步行者和骑自行车的人提供了替选的"绿色通道？林阴道？"（霍顿·埃文斯，1975）。在格网规划中分别确定道路不同分工的做法具有漫长的历史。在普林的希腊城中，城市格网中主要的东西向道路相对较宽敞并平坦一些，适合车辆和马车通行。相反，南北向的道路与等高线垂直，并就地建成了简陋的台阶（图5.36）。建立在棋盘格网规划基础上的罗马殖民地，垂直相交的Cardo和Decumanus更宽阔一些，并与通往住区中心的主要区域性道路相连（图4.32）。

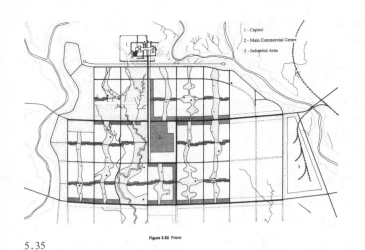

5.35

5.36

图 5.35　昌迪加尔（二川，1974）
图 5.36　普林
图 5.37　南汉普希尔的规划研究
　　　　（比沙南等，1966）

　　比沙南通过演示如何将定向格网形态应用于南汉普希尔来完成了整个研究成果(图5.37)。他着重于设计一个可以适应不同增长速度的城市结构。从他的规划研究中演生出来的定向格网体系可以适应汽车拥有和人口流动的不同程度的增长。带形的格网形态作为一种复合的城市形态,结合了正交网格的严格几何特性和带形形态对增长的适应特性。

　　这种结构形态在尺度上并不固定或不变。这是我们在开展关于城市结构的扩展研究时应当考虑的基本因素,即应当构筑一个适应于未来发展的城市结构,而这个结构在任何时候都不能视为是一个完成了的结构。……不应为这个结构制定一个固定不变的发展规划,而是应当提出关于发展框架的建议,而在这个框架内有针对不同的发展目标制定的转化措施和发展战略。

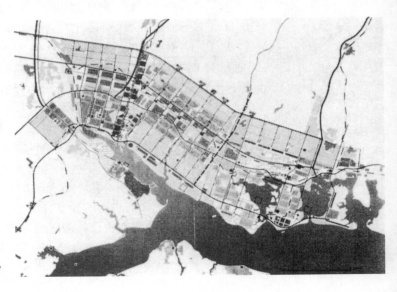

5.37

20世纪的60年代是一个把城市的扩展看做很自然,并认为这种扩展不会终止的时代。直到70年代的石油危机,关于罗马俱乐部的批判以及环境运动才开始崭露头角。与60年代相反,在本世纪最后的10年里,城市规划不再贸然地断定城市的无限发展。而是将规划的重点更多地放在对现有城市中心的整合、保护和更新上。有许多观念曾经主导了比沙南等60年代规划师的思想,但这些观念目前看来已经不适用了,并且快要被当作经验教训来学习了。

在本章的前一部分,曾经讨论过米尔顿·凯恩斯的第一轮规划。在1967年批准的北白金汉希雷新城规划中,华盛顿的规划师卢埃林·戴维斯及其合伙人,应邀作为了规划的顾问(卢埃林·戴维斯,1970)。但事后才发现,没有让县议会的建筑师实施他们关于单轨铁路的设想是非常可惜的。由于这一决定,使得许多创新和环保的规划理念遗失了30年。如果建设单轨铁路,将有利于在铁路沿线地区布置环形的干管,作为配置城市基本设施的一种比较经济的手段。同时,还有一个设想是想把发电厂设在城市中心,通过环形干管实现电力的供应和热力的循环。实际上,还有另外一个设想是提议采用燃烧城市垃圾的方式来发电和供热。像这样的设想,尽管在60年代就很盛行,但也只有在现在才又被重新提出。

米尔顿·凯恩斯规划的最终结果,包括:

主干道的网格大约为一英里见方。形成的方形区域为居住区,或称之为环境区,占地面积约250~300英亩(100~120公顷),规划人口约为5000人。服务居住区的小区道路从主干道网格中分支,而覆盖整个城市的步行系统与主干道的交会点大致位于每个方形区域边线的中点上,并作为高架或地下通道的端点。该点同时还是"活动中心",有主要的公共汽车站点,以及包括商店、小学、酒吧、礼拜的场所及其他的居住配套设施中心。每个组团都有一个这样的中心,总共大约有60个。……居住区的布局并不像第一代新城那样采用的是内向的邻里模式,而是采用以交通干线为核心,并与城市的其他区域快捷联系的模式。遵循为未来的居民提供最多的选择的原则,规划致力于为小汽车提供无拥塞的自由交通,与此同时,也从一开始就为那些必需或只是间或使用公交的人提供了高效的公共交通系统(奥斯本和Whittick,1977)。

图5.38所示的就是顾问们在大量理论家帮助的基础上,对城市形态进行深入的研究后制定的米尔顿·凯恩斯的城市结构。其

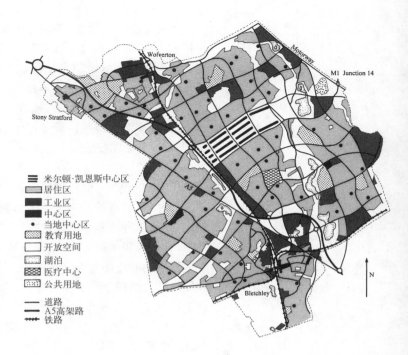

图 5.38　米尔顿·凯恩斯规划（卢埃林·戴维斯，1970）

米尔顿·凯恩斯中心区
居住区
工业区
中心区
• 当地中心区
教育用地
开放空间
湖泊
医疗中心
公共用地

—— 道路
—— A5高架路
+++ 铁路

本质上,规划师们还是力图要实现以下一系列高尚的规划目标（卢埃林·戴维斯等,1970）:

1. 选择的自由
2. 良好的流通性和可达性以及便捷的联系
3. 平衡与多样性
4. 富有吸引力的城市
5. 公众的知情与参与
6. 资源的有效和富有想像力的利用

　　对任何一座城市,包括米尔顿·凯恩斯的某些规划手法进行事后的批评都是非常容易的。不过,用米尔顿·凯恩斯的规划来检验当前关于可持续发展的争论,来看一看米尔顿·凯恩斯的实践能为今日的规划师提供什么样经验,这倒是一项有益的尝试。顾问们得出了这样的结论:"只有那些低密集型就业岗位和低密度住宅开发的规划才有可能实现规划目标"(霍顿·埃文斯,1975)。不过,这一结论低估了公共交通的效力,同时过分强调了基于私人的机动化交通。增加了土地使用的数量和城市市政设施的费用。这些结果都是由于城市形态的选择而引发的,同时与可持续发展的原则背道而驰。该规划在其时受到了全国农场主工会和全国农业工人工会的批评。他们宣称该地区为该县最重要的粮食生产区,通过排水系统的改善,该地区可以成为一个特别高产出的地区。尽管目前实施的政策是从农业生产区中抽取土地,但从长远的观点看,将高质量的农田,或有可能成为高质量农田的土地以不经济的开发强度用作城市发展的做法,是相当有问题的。

北巴克斯协会是由反对新城设想的居民们成立的。该协会代表着该地区的教区委员会。他们提出的反对意见之一就是在决策增加白金汉希雷的人口之前,需要制定英国的国家形态建设规划。该协会认为应该有必要在全国范围内实施更平衡的人口分布,它所提倡的发展设想是要在人口较为稀薄,土地、供水和排水问题较少的地区保持或重新进行人口的部署。它认为这一政策将会缓解英国北部像白金汉希雷这样的地区的发展压力(奥斯本和Whittick,1977)。这些见解在今天可能会受到在可持续发展领域工作的人们的责难。而如果摒弃这些居民组织所提出的观点,就会与规划顾问们在规划大纲第5点目标中所提倡的"参与性"相矛盾。当然,公众的参与是可持续发展程序中一个关键的概念和因素。总之,由米尔顿·凯恩斯县议会的建筑师们制定的米尔顿·凯恩斯第一轮规划比最终的实施方案在资源的利用上更富想像力,在城市的结构上更有创新性和更环保。

在许多人看来,公共交通是建设可持续城市的关键因素。因此,格网的规划手段,按照其在60年代的发展思路,作为适应机动化交通的手段,对实现可持续发展的目标是不适宜的。在城市形态和服务城市的运输系统之间有着重要的关系。包括比沙南,林,卢埃林·戴维斯和其他许多第二次世界大战后的英国城市规划学者,都充分地意识到了交通系统和城市形态之间的紧密联系:例如,关于二者关系的研究分析,在有关新城的研究报告中占据了相当重要的位置(有部分内容在本章的前面内容中已有所讨论)。公众关于私人交通的不同看法,在很大程度上成为了出现像米尔顿·凯恩斯和朗科恩这两种不同的城市结构的原因。可持续发展的城市规划要求采取一种关于城市交通的新模式,进而演化出一种新的城市形态。关于可持续的城市交通有四个主要的规划原则。第一个原则是城市结构应当减少交通出行的需求。第二个原则是城市形态应当促进和鼓励步行和自行车出行。第三个原则是城市形态的设计应当优先考虑公共交通而不是私人交通。第四个原则是城市形态的建设要鼓励采用铁路和水运的货运方式,而不鼓励公路的货物运输方式。

采用上述可持续交通的规划原则所制定出的格网形态与南汉普希尔采用的带形网格或米尔顿·凯恩斯采用的千米方形不同。符合可持续发展需求的格网形态将不会沿着承担快速交通的主干道设置环境防护区。可持续的格网形态将在中心设置社区的服务设施来满足社区的日常需求。社区和本地格网的空间拓展范围将受限于从社区中心到社区边界的1000米的合理步行距离。按每公顷30～50人的毛密度计算,社区的总人口应控制在12000～20000人。除非人口的密度超过了英国新城的密度,否则以上规模就是一个可持续发展的住区的最大规模。

最适合可持续住区的格网形态比较类似一个罗马殖民地镇或格雷斯希尔镇的形态,而不是米尔顿·凯恩斯规划的形态。罗马殖民地镇上所有主要的街道都是垂直相交的,而镇中心就在道路交会点上发展而来。这为通过正交的格网对四周的聚居点进行细分提供了可能。格网的尺度和方向取决于作为住区中最重要的土地用途——住宅对土地细分的要求,而不是根据机动化交通的需要。住区中所有的道路都是多功能的,承担着公共交通、私人小汽车、自行车和步行的要求,通行的最大限速为每小时15英里,比当时大部分的城市交通速度要快。在聚居地的外围设置了娱乐设施用地和集中商业菜园用地。同时,还在镇入口布置了服务镇的零散货物仓储中转站,而在镇内进行货物的递送则要通过小型的送货车来完成。

设计一种满足可持续发展功能要求的土地细分的格网形式是有可能的。由此而形成的住区或社区的拓展有可能可以含括前面段落中所总结出来的一些结论。然而,即使我们可以用清晰明确的词汇来描述这种居住的形态,但是对于一个社区来说,其实践可持续发展的理念所表现出来的特点却不全都是清楚的。格网的规划形态,除了像亚历山大所提倡的那种松散低密度的格网形式,其他的都显得过于机械化,并与可持续发展原则的有机、自然或生态的风格相对立。

集中发展的城市

第三种城市形态的主要原型是集中发展的城市或称之内向型城市。伊斯兰世界的中世纪城市以其极端内向的形态因而成为了集中发展的城市。伊斯兰城市由围墙所圈锢,并由大门所把守(图5.39)。城内的邻里相互靠得很近,但私密性又很强。居住组团由有相近血缘关系的家庭所组成,沿尽端路布置。在进入这些长期住在这儿的人们的世界之前,外人要穿过一条小道,这条小道位于横空架起的住家下面,并形成了连接外面街道和内里居住区的一道门(图5.40)。在到达这些姻亲家庭的完全私密空间之前,门锁或围栏又将房子和半公共半私密的空间分隔开来(图5.41)。除了清真寺、宫殿、市场周边的区域,传统伊斯兰城市内的开放空间基本为商店和其他商业设施所围合成的狭小街道。这些忙乱的街道与安静的四合院形成了鲜明的对比。同时,传统的伊斯兰城

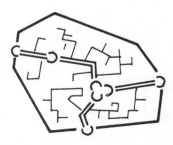

图5.39　伊斯兰城市(林奇,1981)

图 5.40　Ghadaia，阿尔及利亚
图 5.41　扎里亚大营造商的住
　　　　宅，尼日利亚

5.40

5.41

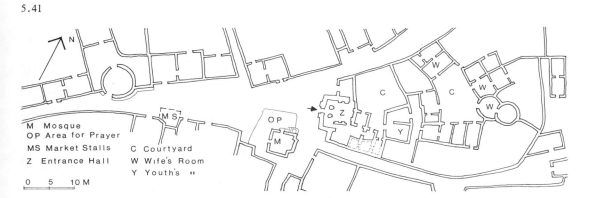

M　Mosque
OP　Area for Prayer
MS　Market Stalls　　C　Courtyard
Z　Entrance Hall　　W　Wife's Room
　　　　　　　　　　Y　Youth's "

0　5　10 M

市的每一个区基本都是由从事同一个行业的人像纺织、制陶或建造等组成的。在每一区的中心，是当地的清真寺和地区首领的住所。在这个区内，不同收入阶层的人们都毗邻而居，尽管整个城市往往会根据民族的不同进行分区隔离（芒福汀，1985）。

　　欧洲的中世纪城市，尽管并没有把私密性作为那么重要的内容，但和伊斯兰的城市也有着许多相同的特性，它也是由围墙所圈锢，并有厚重的大门所把守（普拉特，1976）（图5.42和图5.43）。为了控制经济和保护城市的市场，城市的大门在夜间关闭，在大多数时间里，大门的这一功能比抵御敌人的袭击更为重要。中世纪城市的中心市场，由于拥有明确的边界，仿佛是从住宅所形成的建筑体块中勾刻出来的。作为三维空间的街道和广

图5.42　罗腾堡（Rothenburg）
图5.43(a)和(b)　罗腾堡

5.42

5.43a

5.43b

114

场这种非正式的联系方式为卡米洛·西特（1901）所大力推崇。城市的这种特殊结构有助于卡伦开展的城镇景观分析，他主要通过一系列手工勾勒的草图，来反映城市结构有机和自然的肌理——以及空间组成的外形（卡伦，1961）。整座城市倡导是自然的产物，以一种凝聚的风格在成长，而没有任何人工雕琢的痕迹。这种城市形态对那些倡导在有限的范围内进行三到四层的开发的"绿色规划师"来说，或许是一种启示。

集中发展城市的概念或许对欧洲理想城市理念的发展造成了巨大影响。在意大利文艺复兴时期，由菲拉雷特创建的城镇模型Sforzinda，就是一座集中发展的城市。该城市由两个相交的四边形组成，内中有一个圆（图5.44）。新帕尔马，可能是由16世纪意大利理论学家温琴左·斯卡莫齐规划的，建成于1593年，用于保护苇内蒂安领土的边界（图5.45）。它严格遵循文艺复兴的放射对称风格，并极大地受到维特鲁威及其追随者阿尔伯蒂论著的影响，这些论著在追求完美形式的历程中扮演了重要的角色（罗斯诺，1974）。而在英国欧文的论著中，尽管采用了矩形的模式来规划他的村庄，但却仍然提出了集中发展模式和封闭住宅布局的设想，而这些工业合作社的村庄，尽管各自分离，但却是针对19世纪早期面临的社会经济问题从区域角度提出的一种解决方案（图5.46）。詹姆斯·西尔克·白金汉的模型城镇维多利亚，在其《国家与不幸和实践的补救》一书中有所表述，同样也是一个集中发展的概念。整个镇子是由联排住宅和花园组成的方块和其他土地用途的方块夹杂而成的，其中，最好的住宅靠近镇中心，而在镇子的边缘规划的是由拱廊连接起来的车间。镇子外坐

图 5.44　Sforzinda
图 5.45　新帕尔马

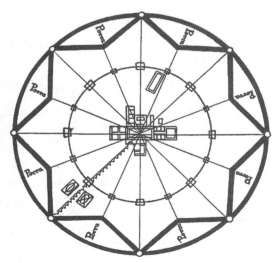

5.44

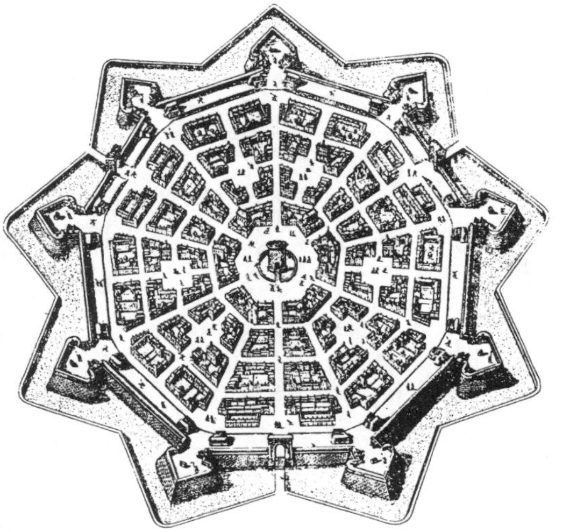

5.45

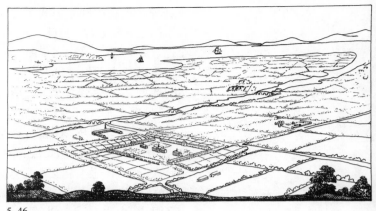

5.46

落着大型的工厂、屠宰场、牲畜市场、公墓和医院。同样,在镇外还有为城郊别墅预留的大块用地(图5.47)。

　　泰特斯·索尔特将许多早期改革家包括白金汉和欧文的理念付诸实施。他在离布拉德福德四英里的地方,兴建了一座名为索尔泰尔的小城镇来安置他工厂里的5000名工人(图5.48)。关于索尔泰尔的建设在其他文章里已有所论述(芒福汀,1992)。但是,对于本书的主要目标——可持续发展来说,仍然有许多重要的观点值得研究和借鉴。规划的索尔泰尔是座集中发展、独立的城

图 5.46　欧文的合作社村庄(霍顿·埃文斯,1975)
图 5.47　维多利亚
图 5.48　索尔泰尔

5.48

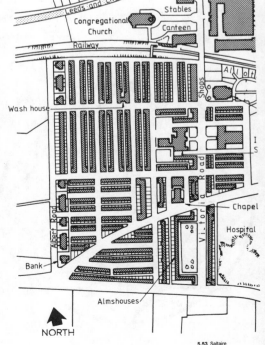

5.47

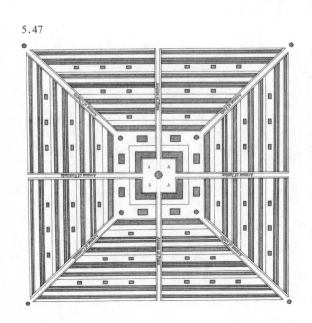

镇,它坐落在亚而河和利兹到利物浦运河的岸边,并位于连接苏格兰到内陆的铁路干线上。在当时,这些都是大运量货运和客运的重要手段。该镇的开发密度相当高,每英亩有37栋住宅(大约每公顷80栋)。整座城镇占地约1平方公里,这样镇里的任何一个区域用步行都可以轻松地至达。城镇的建设采用的是格网的模式,每一条主干道上都相应布置了社区配套、教堂、商店、市政厅和工厂等设施。另外,尽管当时就为乡村所环绕,镇里还是设置了自己的公园和自留地。虽然索尔泰尔是按严格的格网结构建设起来的,但仍然被划入高度集中发展的内向型城市结构的类别,它同时还展现了可持续住区的许多特性。

霍华德的"田园城市"是集中发展城市形态的良好范例。这一理想城市理论的核心是要将公共建筑设置在城市的中心公园中(图5.49至图5.51)。环绕中心公园周边的是由玻璃连廊组成的"水晶宫"。接下来的是居住环,第五居住环是为高社会经济阶层所预留的,并由"非常出色的、独立占地的住宅"构成。第三大街,

图 5.49 至图 5.51 田园城市 (霍华德, 1965)

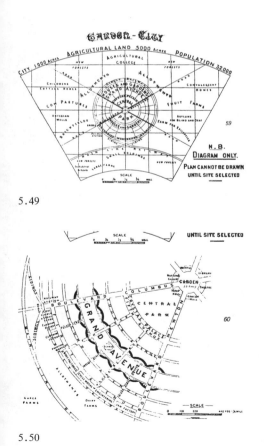

5.49

5.50

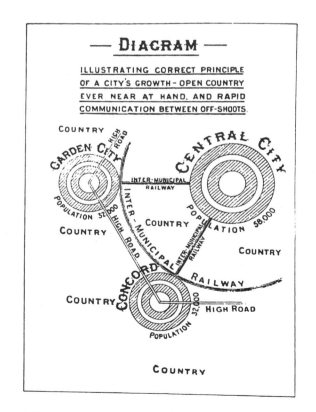

5.51

又称"宏伟大街",把住宅环分离开来,它是一个带形的公园,环绕整个城镇,上面还建有学校。第一大街是最远的居住环,在第一大街和环形铁路之间是城镇的工厂区。该镇坐落在市政当局的大片的农业用地上,并由人们自由地进行城市开发。

霍华德的《明日的田园城市》最早出版于1898年,包含了很多关于城市发展的理念,当中的许多观点已经在英国和世界其他地方的新城建设中予以采纳(霍华德,1965),已经证明了霍华德理论的许多内容是适用于可持续城市形态的研究和探索的。例如,他的要将城镇的发展控制在一定规模内来推行步行交通的观点,对减少不可再生资源的使用至关重要。霍华德非常明确地指出田园城市的蓝图只是一套图示而不是一个城镇的规划图。不过,在这些图示中,他仍然还是标明了从火车站到镇中心的距离大约为1公里或是10分钟的步行距离,而从镇一头到另一头的步行时间大约为20~30分钟。此外,各镇之间的客运和货运都采用铁路运输,这是当时最快捷的运输方式了。所有霍华德城市结构中的这些特性都是可持续发展的基本要求。

霍华德关于"田园城市"的蓝图在某些方面减少了交通的需求。学校都位于居住区的中心。而每个区的构成都足以保证其成为小镇一个完整的组成部分,即涵盖了相应的人口结构。这是建立自给自足的独立邻里或郊区的萌芽。而在尺度上,每一部分的大小是基于从家到学校的适宜步行距离,大约为500米。这是一个对任何规划形态都至关重要的原则,但对致力于减少出行的可持续发展而言则更为重要。此外,霍华德的设想还减少了到农业生产地的出行。由于城市被农田所环绕,因此在食物供应方面可以满足镇里的不少需求,反过来,也可以吸收掉镇里产生的一些废物。

霍华德延续了欧文的观点,将工作地点设置在住所的外部。与欧文或萨尔特作为单一单位生产基地的工业镇不同,"田园城市"将许多企业融入了工业区中。这一观点渗透在本世纪许多国家实施的规划里。但在某些方面,这种区划的手法带来了灾难性的后果。城市中大型的工业区和商业区,在夜间仿若死亡般毫无生气,而为社会所遗弃的荒凉的单一用途住宅区破坏了整个城市的面貌。严格的区划所导致的问题引发了关于在镇里恢复土地的混合利用的建议,而这些建议一旦实施,将减少城市内包括像从家到单位的出行。对区划这种类似的提议或许还会有很多,不过,依赖零散货物中转站的大型的工业或制造业企业仍然需要选址在作为他们的公路或铁路来源的城际或区域交通网络的附近。

霍华德最终设想的核心,是土地的获取是以市政当局的名义用农业用地的价格获得的。土地的所有权归属于市政当局,不过由于城市基础设施的发展而导致的土地"增值"则为社区所享有。因此当地的社区就会对绿带中的土地进行控制，并决定城市扩展的范围。规划的财政计划拟通过土地的增值来偿还所有原来债务的利息，并在30年内将这些债务还清。财政计划结合了行政当局和个人的财政设想。公共建筑、道路和基础设施将由行政当局出资兴建，而其他的发展项目将由私人企业来承担。

可持续发展的一个关键因素是所有权问题，因此，控制土地将有利于社区长远的生存和发展。18世纪伦敦的土地主，通过租赁的控制手段开发了一些不错的居住物业。在巴思，伍兹父子通过他们对开发过程精明的控制和运作，为国家留下了一个城市设计的巨作。霍华德将这套土地银行的体系扩展到他整个镇的开发过程中。但是，这套体系的推行不是为了让每个土地主受益，而是要让整个地方的社区受益。20世纪60年代，在美国有私营企业也开展了类似的新城建设实践。公司非常秘密地设法用较低廉的价格收购了城镇开发所需要的土地。但在项目的起步阶段，公司无法获得整体开发所需的全部土地，就像在雷斯顿一样，因此，相邻的土地主尽管没有投入什么，但却可以通过土地的升值获得开发公司最初投入的基础设施投资的收益(图5.52和图5.53)。

图5.52　雷斯顿，美国

5.52a

5.52b

5.53a

5.53b

图5.53 雷斯顿，美国

第二次世界大战后,英国开始进行土地国有化的尝试,尽管没有取得巨大的成功。但是,这是对土地公有进行的又一次考虑和审视,同时还打算为地方社区目前和未来的需求进行土地方面的控制。如果是这样,那么基于霍华德理论所建立起来的土地地方控制系统将比强硬的土地国有化政策自身,甚至比全国的土地增值税系统更加有效。

在莱奇沃斯和韦林,霍华德的许多观点已经得以付诸实施。后来,这些观点影响了第二次世界大战后英国兴建的第一批新城的规划。基本上,霍华德关于田园城市的理念是一种控制城市增长的手段,并通过兴建一系列相互分隔并与母城分离的新城来实现。田园城市可以满足城市自身的许多需求。但是,霍华德认为城市的形态是由社会和经济的因素综合形成的。尽管由于社会和经济的综合因素,田园城市之间是相互分离的,但是,在城市自身的内部结构上却是集中发展和内向的。

1945年,赖特委员会被委以如下任务:

研究在推进拥塞地区的集约化政策和推进新城建设的过程中,普遍存在的有关建设、发展、组织和管理方面的问题,并由此相应地提出有关新城的建设指引,将新城建设成为独立的、平衡发展的工作生活社区。

新城建设所需的土地由行政当局购买。每个镇的初始人口为3~5万人,接近于霍华德建议的人口规模。每个镇都为绿带所环绕,而绿带同时还作为农田和小农场的用途,为当地的市场提供农产品。新城发展的纲要非常综合并很详尽。包括通过将不同收入阶层混合在每个邻里内,以及发展具有广泛基础的工业来对这些阶层进行平衡等建议。

坎伯诺尔德是英国新城中形态最接近于集中发展城市的

（威尔逊，1958）。坎伯诺尔德的规划师们注重对他们所发现的邻里概念的缺陷进行修正。他们所规划的邻里是，为了鼓励居民更多地来关注他们自身所生活的社区，而不是要把整个城镇当作一个整体来看待。他们还试图通过混合的社区形态对人们的社会生活进行整合。同时，他们还提出了围绕单一中心、组团发展起来的紧凑型城镇作为解决邻里规划所引发的问题的方案（图5.54至图5.56）。他们将坎伯诺尔德规划为一个山顶的住区，其

5.54

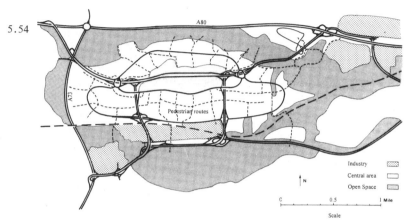

5.55

5.56

图 5.54　坎伯诺尔德（霍顿·埃文斯，1975）

图 5.55　坎伯诺尔德的镇中心

图 5.56　坎伯诺尔德的镇中心

断面类似于蒙特普尔恰诺或圣吉米尼亚诺等意大利的城市。对于这样一座山顶小镇，带形或格网的城市形态都是不适宜的。因此，他们提出的是由两条环路组成的放射型模式，内环路围绕镇中心，而外环路则接驳拉德本型住宅区的出入口。

1959年，该规划在完成详尽的交通问题分析后进行了修订（威尔逊，1959）。规划方案最大的调整是改变了道路线型的设计和建设的标准。例如，调整后道路建设所需土地的价格几乎翻倍。根据1959年的规划，道路幅面和交通流量都大幅增加，并需要在居住区的周边布置大量的绿化和集中的景点。尽管城市规划人口仍然维持在7万人，但在一份1964的研究报告中却规划了14个"立交"口。而在当时，这种交叉口的方式在英国也还是非常少见的。

坎伯诺尔德另一个特别之处还在其沿山脊布置的多层镇中心，由此使得围绕镇中心布置的其他区域的布局非常局促。步行和车行交通布置在不同的层高上。镇中心建筑的设计无丝毫特色，并遭受风吹雨打的侵袭。从所有的住宅区到达镇中心只有3/4英里的距离，为步行的适宜尺度。但是，该镇却没能模仿出任何一点中世纪意大利山顶村庄的出彩之处。坎伯诺尔德的镇中心是一个人们只能步行的地方，但只是因为人们没有别的交通方式选择而不是为了休闲愉悦。坎伯诺尔德因其密集发展的规划形态，展现了可持续住区的一些特性，但同时也为城市规划提供了一个值得借鉴的教训。在住区的设计中仅仅考虑满足可持续发展的功能要求是不够的，如果要满足人们高层次的需求，美观也是一个重要的考虑因素。除了在坎伯诺尔德中一些明显的不足，集中发展的城市形态仍然是在有限的范围内进行新城开发的最有效的模式。从城镇中心到周边的开发尺度应当控制在大约在半英里到1000米之间。在这样大小的一个镇子里，从镇里的任何一个区域到中心的步行时间大约只有10分钟。此外，有机的城市形态也是关于城市发展的适宜形态，它采纳了许多出色的欧洲中世纪城市的视觉组织原则。而有机布局的这些理念在列昂·克里尔最近所制定的多西特多切斯特的Poundbury总体规划和德米特里Prophyrios及其助手在克里特的卡沃·萨洛蒙蒂总体规划中有所阐述（图5.57和图5.58）。卡沃·萨洛蒙蒂的规划："吸取了传统城镇的经验，进而提升了而不是破坏了城镇的景观。……传统的城市肌理……顾及到带花园和院子的两三层楼的住宅，这些住宅通过2米高的围墙与相邻的街道分隔。因此，城市街区、街道、广场和公共建筑成为了城市设计的基本元素"（建筑设计，1993）。

星形形态是集中发展的城市形态中比较复杂的一种（图5.59）。布卢门菲尔德在他的《城市形态理论：过去与现在》

5.57a

5.57b

5.57c

5.58a

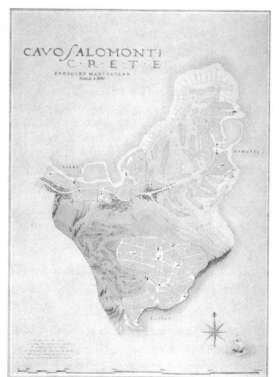

图 5.57(a)　多西特多切斯特的 Poundbury(建筑设计，1993)
图 5.57(b) 和 (c)　多西特多切斯特的 Poundbury，街道
　　　　 的典型景观
图 5.58(a) 和 (b)　克里特的卡沃·萨洛蒙蒂规划（建筑
　　　　 设计，1993)

5.58b

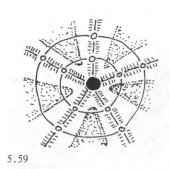

5.59

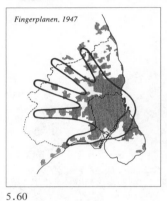

Fingerplanen, 1947

5.60

图 5.59　星形城市（布卢门菲尔
德，1949）

图 5.60　哥本哈根的指状规划
（斯文松，1981）

的论著中对这种城市形态进行了充分的论述（布卢门菲尔德，1949）。星形形态已经成为许多城市发展的基础形态，其中哥本哈根是这一理论的典型化表（图5.60）。该规划理论认为星形形态是任何中型到大型城市最适宜的城市形态。星形形态有一个单核的中心，对这个中心区应当进行高密度、多用途的开发。从该中心放射出若干的交通干线。大运量的运输系统和主干公路沿这些干线布置。次中心在交通走廊的一定区间内设置，次中心周边为集中发展的居住区和其他用途的组团。交通走廊之间的绿楔从开敞的乡村一直穿越到都市区。

　　沿着星形的直径可以间隔地发展出一些同心圆的交通线路。这些同心环联系着各条轴线。主要的次中心设在轴线和同心环的交点上，而沿着同心环横向的发展则不能对绿楔造成妨碍。最后的这一点正是星形理论中的薄弱环节。除非规划的控制机制非常有效，否则沿交通环线周边的发展压力将会使得靠近市中心的各轴线之间的地带逐渐被添满。同心环离星中心越远，其作为各轴联系的作用和意义就更重要。随着系统的向外扩展，星形的外围区域又回复为开放的网络式道路网络系统（林奇，1981）。遵照索里亚·玛塔的设想，可以将部分同心环设计为公交运输快线，使得星形的城市形态成为了解决现状大都市区客流问题的一种可持续的方式。

　　关于城市结构的另一种形态，是基于把景观作为城市建设的主要考虑因素的想法上建立起来的，不过很难对这种形态进行归类。但这在一方面证明了城市景观的形态应当影响城市发展的所有方面。例如，坎伯诺尔德的选址和布局，在某种程度上是由地形所决定的，同时城市的结构也强化了山脊的形态。而星形的模式将城市的景观和交通放在了同等重要的地位，在城市形态的构筑方面，绿楔和其间的走廊或指状发展区具有同等的重要性。但是，这种看法还是漏掉了一点，就是城市景观还可以作为统一整个城市形态的元素。由此，城市景观成为了城市构成要素中的主要元素。关于在建筑群体布局中景观设计所扮演的统一协调的角色在另外的文章中已有所论述（芒福汀，1992）。这一观点还可以进一步的深入发展，这样在城市形态的营造过程中，城市景观的作用将可以提升到至关重要的地位。

　　对于景观的尊重深深地植根于英国的精神之中。在英国最伟大的成就里，18世纪的风景园林位居其中，而在这些风景园中，最鼎盛的又为Capability Brown的作品（斯特劳德，1950）（图5.61）。根据霍华德田园城市理论发展起来的莱奇沃思和韦林也引入了城市景观的概念，并将其作为统一协调整个镇区的元素。在其他国家，郊野的风景园林也取得了相当的成功。尤其是在美

图 5.61 Capability Brown 设计的风景园林（斯特劳德，1950）

国空气清新但荒芜的郊区，像靠近芝加哥和罗兰公园的厄尔姆斯塔德河畔，巴尔的摩为居住区的景观设计开创了新的标准。然而，首次对住宅密度和其与开发费用的关系进行分析的是昂温和他《过度拥挤将一无所获》的著作（昂温，1967）。正是这一分析成为了指导郊区田园住宅区发展的正确的基本原理："昂温……说明通过削减无用街道的数量，而将该部分面积用于建设内部的花园，就可以用同样的价格为同等数量的住宅提供更合用的园林用地以及更舒适的周边环境"（芒福德，1961）。昂温和帕克设计的Hanpstead郊区田园式住宅成为了第二次世界大战前英国大多数住宅的样板（昂温，1909）。可以这样说，英国城市住宅的发展应当绝大部分归功于昂温和帕克，而不是勒·科尔比西耶和其他的现代设计先锋们。

由弗雷德里克·吉伯德设计的哈洛是英国新城中把城市景观作为城市形态决定因素表现得最突出的一个。哈洛的规划颁布于1947年，建设始于1949年。一开始总体规划确定的规划人口是6万人，后来第一次增长到8万人，其后又发展到9万人。规划将其确定为独立的和平衡发展的城镇（吉伯德，1955）。规划的主要目标是要安置从伦敦东北部分离出来的过剩人口。哈洛距离伦敦30英里，恰好位于Stort河的南岸，老哈洛村的西侧。它身处乡村景观之中，占地超过6000英亩。住区的形态按照严格的分级体系布置。例如，商业设施分级设置，从最低级别的街角商店，到中级的邻里和片区购物中心，直到最高级别的镇购物中心。道路和住宅也按照类似的分级结构进行布局。

吉伯德的字里行间充分意识到了城市景观作为城市形态的决定性因素。

铁路干线和由江水汇成的一条河流沿着镇子的北侧穿过,在那一头是赫特福德郡。而另一条河流东西向地贯穿了整个地段,这条河流向西流去并与北边的主河流会合。……规划的城市形态是从现状景观的模式中演化出来的,并来自于反映城市和自然的强烈对比的愿望。……住宅组团坐落在高地上,远离交通干线的联系,通过树木和河流等自然要素来形成它们之间的屏障。……江北侧的河流和小山保持了自然的形态,由这里起步的一个公园一直延伸到镇中心。镇东侧的农田及其西部地区体现的都是一种田园的生活形态,与镇里的都市生活的另一部分形成了鲜明的对比。中间的河流也保持了自然的状态,并联系着两条绿楔。绿楔是作为南北部郊区的联系纽带,由河流、树木和小溪等自然要素构成(吉伯德,1955)。

很显然,从吉伯德关于哈洛的描述中可以看出,他的主要任务是设计一个与现状环境相协调的发展模式(图5.62至图5.64)。其中,有些建筑设计尤其是市中心建筑的设计有些压抑,但景观的规划却是非常大气的。

图 5.62　哈洛
图 5.63　哈洛
图 5.64　哈洛

5.62

5.63

5.64

实施可持续发展的策略，并不简单意味着基于山脉、河流、溪涧、林地等景观要素来集中发展城市。景观的生态作用也同等重要。即使是对科尔万（1948）等景观建筑师的论著进行粗略的阅读也可以发现，对生态学的正确理解和评价是景观建筑学的重要原则。除了城市规划和城市设计领域的一些专家在提倡采用有机的城市设计手法，而城市开发的主要执行者对将生态学作为城市发展战略中的重要组成部分仍持保留的态度。甚至那些声称热衷于在城市规划中采用有机的设计手法的人，似乎也只是在支持一种特殊的城市设计思想，而不是支持围绕城市生态发展战略而建立起来的一种设计方法。按西特原来思想建立起来的或被亚历山大等（1987）修正过的有机设计流派，主要关注的是建筑、街道和广场的布局。他们认为，这些城市设计要素应该以一种不规则的或共生的形态进行组织，而不是像巴洛克或建筑艺术学院式的严格、正式、轴向发展的城市形态。但是，西特对城市中树木的看法有些复杂，他所看重的主要是围合在广场周边的树群的强烈视觉效果，而不是在广场中间树木和水面相映的场面，同时，对他来说，林荫宽步道是一个令人讨厌的东西。西特花了一些时间来阅读当时的一些分析植被对大气环境的改善效果的科技文献，然后得出这样的结论："除了整个植被对物质环境可能带来的益处。剩下的只是人类基于想像的心理感觉"（西特，1901）。西特将草木分为两种：装饰草木和清洁草木。装饰草木用于城市中，而清洁草木"不应放在肮脏和喧闹的街道中，而应放在大型街区建筑的室内。只有当有足够的生长空间时，这些草木才能向街布置，例如在城市的郊区。这些城市外围受到交通的干扰较少，因此不会对树木的成长造成影响，是适合清洁草木生长的典型地区"（西特，1965）。西特几乎是不情愿地使用草木的观点以及对城市内自然景观要素的布局是非常不恰当的，并与可持续发展的观点相背离。

　　莱斯特，作为英国的第一个环保城市，在城市景观规划方面采用了一种创新的手段。莱斯特是第一批采纳了基于详尽的居住调查上制定的全市范围生态策略的议会之一。莱斯特的生态策略，旨在构建绿化道路和自然栖息地的网络结构。该战略含括了城市开敞空间的所有内容，包括正式的开敞空间；私家花园；农地；林地和湿地；运河、河流、栅篱、沟渠、道路两侧用地和铁路线以及城市外围用地等。生境的尺度和延续性是维护城市景观保障的生态价值中一个重要的因素。因此，建立一个生态的网络对保障生物多样性和可持续的地方生态至关重要。根据莱斯特制定的生态策略：

对保护莱斯特的自然环境来说,对高生态价值地区的保护应该是其中最低的要求。因为虽然其他的开敞用地或许没有这么高的生态价值,不过它们仍然为野生的动植物提供了生长的空间,为提高城市环境的质量作出了自己的贡献。这就是生态策略所要实现的目标,即鼓励野生动植物物种的丰富性和多样性,并为人类对自然景观的参与和获益提供更多的机会。这将涉及对开敞空间网络和带形住区的保护。为了实现生态策略所制定的目标,议会拟定了一系列的实施策略。其中,E2策略对实现生态战略的目标尤为重要,"城市议会将划定,并采取适当的步骤来保护由绿楔和其他植被区等组成的'绿色网络',来保护野生动植物生存环境的体系,并对在这些地段上进行的城市开发进行抵制"(莱斯特城市议会,1989)。

莱斯特制定的生态策略模式为其他城市所效仿,并可以发展成为未来城市可持续发展的基本结构框架。

结语

本章探讨了三个主要的城市形态原型。每一种形态,包括带形城市、格网城市和高度集中发展或叫内向型城市,在实现可持续发展方面都有其自身的作用。而采用哪一种形态主要取决于城市建设的环境。在决定城市形态方面,公共交通策略和生态策略可能是两个重要的因素。星形的城市形态作为集中发展形态和带形形态的复合体,在中型城市的发展方面占有优势。星形形态由中心向四周沿公共交通走廊呈现放射形的指状发展。在这些发展走廊之间是由开敞空间组成的绿楔,将中心和开敞的郊区相连。对于1~2万人的小型聚居点来说,高度集中发展的城市形态似乎最为合适。为了保证效率,这类聚居点的尺度应当由聚居点活动的适宜步行距离决定。

目前大多数城市中现存的建筑建成的时间至少有60年的历史。另外许多建筑建成的时间还会更长,尤其是如果按照可持续发展所提出的建议,保护要优先于发展的话。因此,对于不远的将来,我们首要完成的事就是要让我们的城市更加可持续化,即探讨如何在保持生活水准不变的情况下,环绕西方城市的大郊野绿带能如何减少能源密集型的机动交通。关于城市设计的这些方面内容形成了本书最后一章所探讨的主题。同时,最后一章还将揭示使现有城市更可持续化的实时实施步骤。不过,接下来的两章将探讨的是城市形态的其他两个方面、片区或邻里以及街区的城市设计。所有的这些主题对理解可持续的城市设计的范畴,以及对我们目前这些不可持续的城市作出即时的实践回应都是很有必要的。

第六章 城市片区

引 言

可持续发展的基本原则,是对将会对环境产生影响的决策所进行的积极的公众参与,而公众对环境规划和管理的参与在片区、行政区或是邻里的层面最富成效,这是因为当地居民在这种规划尺度上的认知和经验最为丰富(芒福汀,1992)。街坊里的居民们对于朋友和邻居们所面临的问题具有直接的体验。因此,有必要创立正式的、赋予公民权利的政治组织,来支持和发展这种地方性的参与,并使之制度化。这种地方性的政治组织对那些影响地方环境的决策具有影响力,而发展这种组织是实现《地方21世纪议程》的理想以及地方和全球可持续性的途径。本章试图探求城市片区应采取何种形态,来发挥它在可持续发展城市中的这种政治作用。

有人认为城市片区是城市设计的一个主要元素(戈斯林和梅特兰,1984)。也有人明确地将城市片区划定为大约1.5公里(1英里)跨度的范围,并认为城市片区的划定是近10年及下世纪初城市规划师们的当务之急(芒福汀,1992)。20世纪特别是第二次世界大战以来,城市开发的规模在公共和私有领域都有显著的增长。现在,城市片区可以作为一个单独的设计任务,由一位开发商或多个开发商与一个单独的设计小组共同承担。参与旧城改造的城市开发公司还参与了许多大型的城市开发项目,如伦敦的the Isle of Dogs或利物浦从前的great docks。尽管片区是城市设计师研究的合理主体这一论点已获得广泛共识,但关于它的尺度和性质方面仍存在一些疑问。因此,本章将探讨片区的历史起源、以片区形式构造城市的部分成因、片区的多种定义、尤其是在尺度和结构方面的多种定义,最后本章将列举本世纪城市片区开发的范例,并分析在可持续发展的城市中,片区所具备的特性。

罗马城被两条垂直相交的主要街道cardo和decumanus分为四个片区。在许多罗马时期创建的城市中都可以找到这种城市片区化的例证,例如卢卡,至今仍是重要的城市中心(图4.33)。阿尔伯蒂提出,为了不同的阶层而将城市划分为不同区域的概念来源于许多古代权威，包括普卢塔赫和索兰。譬如，据阿尔伯蒂称："柯蒂斯记有Bablylon被分为许多独立的片区……"，以及"罗缪勒斯城将骑士和贵族与平民分离，而努马城则根据职业的不同对平民进行了划分"（阿尔伯蒂，1955年出版，第四卷第五章和第四卷第一章）。阿尔伯蒂也援引了柏拉图将城市划分为12个部分的建议，"……每个部分都拥有自己专门的教堂和礼拜堂"（阿尔伯蒂，1955年出版，第七卷第一章）。

将城市划分为片区的经典传统可能是基于对古代社会自然形成或未经规划的城市的认知。那些未经人类有意识介入而发展起来的城市都形成了界限分明的邻里或片区。例如，尼日利亚豪撒人的传统城市仍旧由很多分区组成（芒福汀，1985）。每一个分区都有一个大型的中世纪的入口，每个区都由从事相同行业的群体所居住。在豪撒人古城墙外的其他分区则为其他的种族或部落所占据。在更近一点的地方，如英国的一些城市仍然保留有专门的珠宝区或蕾丝市场。诺丁汉如同其他英国城市一样，也有界限分明的分区，各有名号，人们也各有所属。在诺丁汉，Lenon、贝斯福德、Forest Fields、the Park都是片区或邻里的名称，人们要么是这儿的居民，要么就是外来者。甚至对于外来者而言，这些片区也是认知城市的主要结构元素。片区、行政区、邻里也许不是所有城市，但却是绝大多数城市的常见模式，它们是可识别城市结构的基础，并使居民更易于理解它的城市（林奇，1996）。

汽车时代之前的城市都是以一组片区的形式自然发展起来的。片区是城市的主要结构元素，但并不像在现代机动化城市中那样明显，"实际上，汽车不仅推动了城市的分散化，同时，汽车也的确需要城市的分散化，因为汽车的发展需要空间，而且城市的分散也促使人们去使用汽车。一座城市要想设计得可以肆意使用，就一定要有广阔的空间"（霍顿·埃文斯，1975）。郊区环绕城市目前为发达国家所普遍采用的城市形态。而且，现代城市中不同社会经济群体之间的空间分离更为明显，随着财富的增加，这一过程为之加快。这种不同利益团体的分离，尽管在前工业城市中也曾出现过，但不会像当今20世纪的城市那样具有地域性。一旦有社会经济压力的刺激，如同目前的状况那样，这种分散的发展模式将"……在便捷性的推动下，而趋向于探求简化的设计结构体系"（戈斯林和梅特兰，1984）。这种趋势将导致这样一种粗线条的城市，"……大量的某类用地从另一类用地中分割出来"（林奇，1981）。这样的城市土地使用性质单一、夜晚死寂的市中心极不安全、房产具有高度的社会同质性，但是引发这些结果的动机却非常强烈。这些强烈的动机包括：与兴趣相似的人比邻而居的偏好以及商业活动的集聚,使得在现有散布的道路交通网络条件下区位优势最大化。穷人在住宅市场中的不平等地位而使之受到的各种限制,加剧了以上情况的恶化。限制城市发展形成肌理细腻片区的力量现实而强大。既然既成事实,为什么城市设计师还要重拾过去那种过时的观念探询将来的城市模式呢?更重要的是,即使这种改变现状的选择是可取的,但这种城市的未来是否又是一个乌托邦的梦想呢?

可持续发展、环境保护以及减少污染运动,为城市规划专业提供了一个完全崭新的视野。规划和设计优先的重新定位不可避免地导致城市的改造必须依靠节能的交通方式。以汽车为主的城市需要空间,同时使用私人汽车必然导致城市的分散,而依赖于步行和自行车的公共交通的效率则需要集中才能得以提高:"正如我们所看到的那样,小汽车和公交汽车正使城市朝着不同的方向发展,它们需要完全不同的主干网"(霍顿·埃文斯,1975)。公共汽车和其他公共交通方式一样需要一个高密度城市以保证其运行的有效性和经济性,在那儿,有大量的预期乘客居住在公交线路的便捷步行范围内,而在主干道网络间距较宽的分散城市中,汽车则更有效率。可持续的城市会优先选择混合型的街道而非高速公路,同时倾向于车行穿越市中心而非绕行。可持续城市的这种城市设计思路与目前已经废止的那种以促进汽车发展为目的的程式截然不同。新的城市设计模式要求回归基本的原则,并对传统城市的特点进行考察,研究有助于城市绿色环保的城市改良形态。片区正是这样一种值得更进一步研究的传统城市元素。

不同的学者对片区、行政区和邻里这些术语意义的理解各不相同。在某些情况下它们是可以互换的。雅各布斯将邻里分为三大类:把邻里视为自治的政府机构,可以明显看出只有三种类型的邻里是有用的。(1)作为整体的城市;(2)街坊邻里;(3)人口规模为10万、较多存在于大型城市中、副中心尺度的大行政区(雅各布斯,1965)。此外,雅各布斯阐明了导致邻里规划失败以及导致地方化自治政府最终失败的原因。同样,林奇也认识到邻里或行政区在政治功能上的重要性,他所认为的这种行政单位的规模要比雅各布斯所建议的10万人小得多,"以2~4万人为一个行政单位,在这里普通人只要愿意就能够积极参政,与一个明确的行政社区相关并对公共事物有一定的控制权……"(林奇,1981)。在第四章中曾提到要加强区域性地方政府的权力,但同时也需要加强城市区域内小型自治镇或自治区的权力,这样就可以化解大城市的规模,使之成为更为细化的行政单元,使公众积极参与、决策环境问题的行为合法化。

关于行政区、片区以及邻里等诸如此类的区域概念,其规模究竟如何并无定论。在第三章中我们已经看到,柏拉图建议的数值为5040位家庭成员或市民,来作为行政决策的必须规模(柏拉图,1975年再版)。亚里士多德则更为慎重。他认为一个行政单元应该足够大,使市民生活方式完整而丰富,但也不能太大而使市民失去了相互之间的私人接触,对亚里士多德而言,面对面的接触是非常重要的,这样相关的人就能全面了解情况,对问题作出公正判决,同时也可以根据业绩来分配官职(亚里士多德,1981年出版)。有40000市民的雅典以及拥有一万或更少人口的希腊其他城市被柏拉图和亚里士多德视为典范。如果将这一数值作为形成最基层政府以及片区或行政区的合理人口规模,那么由吉伯德设计的哈洛行政区的空间尺度则给出了未来可持续城市这种构成单元的一个近似值。哈洛的行政区由四个人口规模在4000~7000的邻里单位组成,这样,整个行政区大约为18000~22000人。或许片区或行政区的理想规模并不存在,尤其对目前的城市而言。但重要的是,行政区或行政区组合能够对城市的权限起到一种牵制作用。它的另一项主要功能是发展一些城市组织架构,使市民们能够充分参与到某些服务项目的管理以及有关城市未来的决策当中来。正如阿尔伯蒂所特别强调的那样"……为一位暴君设置的城市布局与那些为拥护政府的人民而设置的城市布局有所不同"(阿尔伯蒂,1955年再版)。如果同意阿尔伯蒂的观点,那么就可以说,参与民主制的城市结构可能与代表民主制的城市结构不同,后者更为强调国家或城市的集权。

20世纪40年代及50年代初期,影响英国早期新城发展的理念之一是邻里的概念。这一概念概括起来就是要形成一个"社区"。第二次世界大战结束后所盛行的合作精神诱发出一种信念,即社区精神能够为新的规划体系注入生命力。人们模仿旧城中工人阶级合作社的形式在新城里建立了邻里单位,在市郊兴建了地方政府住区。中产阶级家庭、医生、牙医以及教师与劳工、技工和工厂工人比邻而居,并构成了社区的领导阶层。正如戈斯林所指出的那样,有一批规划师关注的是,"不通过相应的社会机构而作出关于城市技术层面上的决策显然是可能的,这使许多城市设计师确信应将社会决策的程序放在首位。从本质上看,城市设计正是这样一种尝试,以期望找到支撑这种决策程序的适当形式或更为积极地强化或甚至促进这种程序"(戈斯林和梅特兰,1984)。到20世纪50年代,在某种程度上,视城市规划为社会工程学的观念风行起来,或者说是被认为风行起来。然而,对于"邻里"这一概念,规划师们还持有另外一种更为主流的观念。这种观念更为实用,主要关注与人口数量有关的公共设施的分配,"邻里本质上是一种自发的团体,不能由规划师所硬造,而规划师所能做的就是为居民提供必要的物质需求,通过设计出一个场所,使居民产生住在这个地方并且不同于其他任何地方的感觉,并便利地设置学校和游戏场等公共设施。"(吉伯德,1995)。吉伯德在这一段话中强调了社区形成的自发性本质,并认为只有社区的社会结构才能使其发展。英国的工人阶级社区不是由于有酒馆、街角商店或教堂才形成,而是由于强烈的家庭纽带以及穷人们在面对持续不断的财务危机时所产生的相互依靠使然。人们早就认识到"社区"并非一个场所的必然产物。"利益共同体"可以将成员从城市、地区中分离出来,或许还可成为一个国际联系的网络。一个个体确实可以隶属于好几个社团,包括一个地区性的居民团体、一个大学校友会或是一个国际的专业协会(韦伯,1964)。

"根据林奇的说法,易识别的城市也就是容易在'脑海'中被形象化的城市,应当具有一个界定清晰、易于认知以及特别的、感性的结构体系"(芒福汀等,1995)。林奇认为城市识别性有五个关键要素——路径、节点、边界、标志以及区域(林奇,1960)。在某种程度上说,对城市环境的感知和理解是个性化的,但同一文化之中的群体共享着一系列的意象。城市设计关注的正是这种共享的形象。在林奇的五要素方面结构清晰的城市,将在城市居民所共享的城市意象方面得到强化。这样的城市就具备林奇所描述的"意象"或者说就可以在观者的视觉和脑海中留下强烈的印象(林奇,1960)。

诺伯格·舒尔茨在城市结构方面与林奇有相似的看法,"场所、路径和领域使人们具有基本的方向感,是空间实体的组成要素……路径把人的生活环境划分为不同的区域,有的熟悉,有的陌生。我们把这些区域定性为领域"。他对场所和领域之间的区分不像林奇对节点和区域之间的区分那样清晰,"但是场所和领域的区分是很有用的,因为在我们的环境意象中明显有一部分不属于我们,对我们也没有什么意义。因此,领域可定义为一个相对无组织的地域,其中,场所和道路则作为更为突出一些元素"(诺伯格·舒尔茨,1971)。看来对诺伯格·舒尔茨来说,场所比领域的概念要小一些,可能更类似于林奇的节点,"节点是一些地点,是旁观者可以进入的城市重要场所,对于经过的人来说则是强烈的视觉焦点"(林奇,1960)。林奇关于区域的描绘对目前所讨论的片区最为有用,"区域是城市里的中等至大型地域,假想为两维的,旁观者可以在精神上介入,有一些易识别的特征"(林奇,1960)。林奇对区域的定义在这里可以用作对城市片区的描述,然而片区并没有一个标准的尺度,它比邻里要大,人口规模约为2~10万人。

片区及其形式

关于片区、行政区或邻里的现代理论,可以追溯至英国的霍华德及建筑师雷蒙德·昂温、巴里·帕克以及美国的亨利·赖特、克拉朗斯·斯特斯和克拉朗斯·佩里。霍华德将学校放在区的核心位置。市镇由各个区组成。在这里,把城市划分为区的主张就是城市片区以及后来发展的邻里概念的早期萌芽(霍华德,1965)。美国的居民社区,如巴尔的摩的罗兰格林,尽管具有极富吸引力的自然景观,却在交通道路旁布置了豪华的独立别墅。20世纪20年代早期的美国,交通已经成为一个难题。受英国田园城市运动影响而产生于美国的城镇规划运动,开始尝试关注与汽车有关的问题。斯坦和赖特详细阐述了昂温和帕克的"步行街区"概念并运用到美国的条件下。汽车禁行区内的建筑并不沿交通路线布局。住宅围绕着一个中心景观公园分布,整个步行街区规划为一个大型的独立单位,如同匹兹堡的查塔姆村(图6.1)。步行街区为交通道路所环绕,而每一户都有尽端路所到达(图6.2)。在新泽西的Radburn,这种设计理念运用在一个大规模的社区中。后来,又衍生出一系列步行街区的组合,每一个区都围绕着一片绿地建设,并通过步行道将这些绿地联系起来。步行系统还通往学校、购物中心和其他社区设施(图6.3)。汽车不会在

图6.1 步行街区

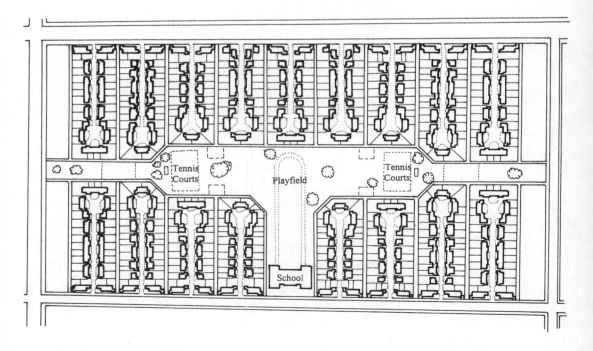

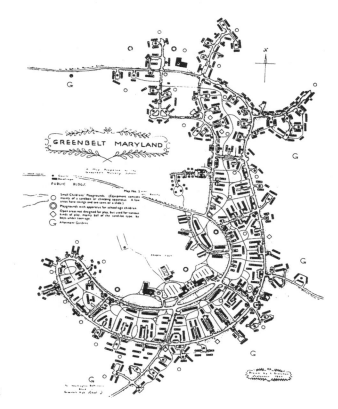

6.2

图6.2 格林贝尔特，马里兰州(林
　　　奇，1981)
图6.3 Radburn（霍顿·埃文斯，
　　　1975）

6.3

任何地点干扰或危及行人。Radburn原则的一个基本特征是用界定清晰的邻里来组织城镇。这一理念被田园城市运动的北美分支理论家克拉朗斯·佩里在其著述《邻里单位》(佩里,1929)里进行了全面的阐述。

在阿伯克龙比所制定的大伦敦规划中包含了由佩里充分深入的邻里概念(阿伯克龙比,1945)。正是基于这种邻里的概念,才精心设计出一种关于城市形式的新观念。将城市设想为由大量基本单元或模块组成,每一个单元或模块都有独立的服务设施,并通过有效的交通体系联系成为整体的城区。城市可以通过不断增加单元或模块来得以生长,而每一个单元或模块在一定程度上都可以自给自足并具有其自身的完整性。许多建筑师有一个共同的观点,"在历史上所有伟大的时代中,标准的存在也就是说有意识地采用典型的形式——都是文明有序社会的表征; 因为一般说来,为了同样的目的重复做同样的事情,可以教化改变一个人的观念并使之根深蒂固。……通过单元在街道排列框架下的重复增加,继而形成了城市更大的单元,这种统一和一致给人留下整齐划一的印象"(格罗皮乌斯,1935)。

《人民的家园》(Homes for the people)一书总结了伦敦和早期英国新城邻里规划中所设想的一些基本原则:

> 邻里是在人们的日常活动中自然形成的,其距离便于主妇日常步行去购物,特别要便于儿童步行去上学。不应让儿童步行的时间过长或穿越主要交通道路。这是邻里单位规划的基本出发点。在伦敦县域规划的设想中,一个邻里单位的面积是一所小学辐射的范围,可容纳6000~10000名居民。学校附近聚集着当地的购物中心以及诊所或社区餐厅等诸如此类的社区建筑。在邻里单位中没有穿越式交通,一条主要道路在外部绕经邻里(博伊德等,1945)。

吉伯德设计的哈洛,是英国的早期新城之一,并采用了邻里作为城市形态的结构性概念。吉伯德在多处对设计完善的邻里单位的情况进行了阐述,以下所引的一段话概括说明了他在这个问题上的一些观点:

> 在邻里单位的设计中,首要的一个美学问题是如何使这个区域具有其自身一定的物质特性,实际上也就是如何使一个地方具有区别于其他地方的特征。……任何特定邻里单位的尺寸都限定在从任一住户到所有社会服务设施……的适宜步行距离范围内。……英国城市规划师普遍认同的人口规模是5000~12000

人,因为在这个人口范围内可以配置主要的社区设施,进而有助于大家的会聚并形成一种社区的精神(吉伯德,1995)。

早期英国新城所设想的邻里单位需要具备以下重要的设计条件:邻里的范围取决于从最远的家庭户到位于中心的学校必须在10~15分钟的步行距离内; 其人口规模应当可以支撑一个小学和包括一个地区性购物中心在内的若干社区设施; 其边界界定清晰,并通过自然景观尽可能强化这种边界;在建筑处理手法上,将本邻里与其他相邻的邻里区分开来;有一个明确的中心;避免穿越式交通,并把主要道路安排在邻里单位的外围。

邻里及其非议

新城规划的一个高峰是为胡克所作的规划报告(贝内特等,1961)。这项针对伦敦未来新城的研究,尽管未能实施,但却试图回归基本的原则,来探询设计一个10万人的市中心所要依据的关键参数。邻里单位的形式未能得到项目组的支持,因而在新城建设时未能使用。邻里单位在很多方面有其不足之处,其设想过于简化,不能代表真实世界中社会关系的复杂多样;同时还认为邻里单位导致了一种分散的城市形态,从而难以形成高效的公共交通。后两项批评意见主要针对邻里之间大块大块的自然景观分隔带,而非邻里概念本身。至于第一项批评意见,实际上我们不应当把邻里单位设想为取代社区发展自然过程的手段,而应当是构筑城市物质形态的一种方法。

胡克规划在致力于城市化的同时,也致力于适应小汽车发展的需要。规划的长远目标还包括维持城乡差别以及促进平衡的社区关系。规划允许平均一户拥有一辆汽车外加半辆访客汽车。汽车交通的安排遵循步行者优先的原则。胡克城自身形态的演进吸引了城市规划和设计学生的浓厚兴趣,而对可持续发展感兴趣的人则更关注城镇空间需求的分析计算(图6.4至图6.6)。规划将城市用地划分为两大部分。其中,10万人的非居住城市用地面积定为2000英亩。居住用地面积的范围在每英亩100人下的3600英亩到每英亩40人下的5100英亩之间。图6.5显示居住密度的决策如何影响城镇发展用地的规模以及住区内的步行距离。居住密度同时还影响城镇交通,密度越大,公共交通系统的效率就越高。因此,胡克规划研究报告的作者们主张在兼顾独立住宅和私家花园的同时,因为这是大多数英国人所向往的典型居住模式,然后尽可能地提高居住的密度。

图6.6对此作了进一步的思考。它以拼图的形式表现了各种用地的比例。显示出在相同的密度变化下,直径的距离变化在圆形形态中并不像在长方形形态中那样显著。在以上的用地分析

图 6.4　胡克（贝内特等，1961）
图 6.5　胡克（贝内特等，1961）
图 6.6　胡克（贝内特等，1961）

6.4

住宅区

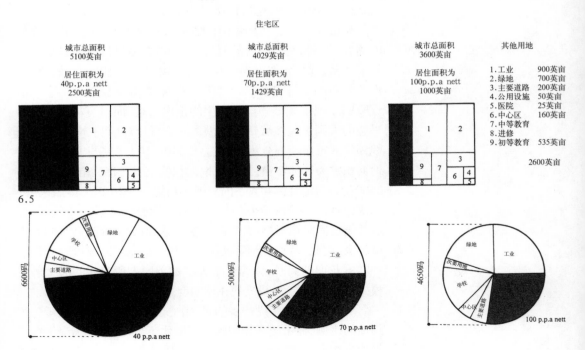

城市总面积
5100英亩

居住面积为
40p.p.a nett
2500英亩

城市总面积
4029英亩

居住面积为
70p.p.a nett
1429英亩

城市总面积
3600英亩

居住面积为
100p.p.a nett
1000英亩

其他用地

1.工业　　　　900英亩
2.绿地　　　　700英亩
3.主要道路　　200英亩
4.公用设施　　50英亩
5.医院　　　　25英亩
6.中心区　　　160英亩
7.中等教育
8.进修
9.初等教育　　535英亩

2600英亩

6.5

6.6

138

里,在两种极端的密度中,相对应的圆形的半径只从两公里左右增加至三公里左右。

对邻里单位的批评主要源于被社区的概念所覆盖和曲解的那部分含义。而当邻里概念作为一种物质构成手段时,就会成为人口规模和服务设施方面最有效的一种管理工具。但是,当邻里概念用于构筑不同规模的空间时,又会产生新的混淆。邻里这个术语可以用来描述:有500~600位居民的几条街道;人口为4000~5000人,拥有一所小学的区域;或是人口为20000~100000人,有一定政治功能的行政区或片区。例如,亚历山大提倡组织小型的邻里单位。根据亚历山大的设想,人们需要归属于一个明确的空间单位,而这个空间单位跨度不超过300米长,居民大约为400~500人。"有证据表明,首先,人们能够识别的邻里只有少量的人口;其次,它们的面积不大;第三,如果一条主要道路从中穿越,会破坏这种邻里关系。"由此,亚历山大得出了邻里单位应当拥有的恰当人口数量,他将这个数量作为一个群体的标准规模,这个群体能够通过自我协调来达成有关社区自身利益的决策,并有能力对城市行政当局施加压力,"人类学的各种证据证明,如果一个群体的人数大于1500人,就无法互相协调来做出决策,还有许多人则认为这个数值应低于500人"(亚历山大等,1977)。

前文已讨论过伦敦新城规划所引用的邻里概念,人口大约在4000~10000人之间。这个数字基于一所小学在适宜步行距离内可到达的住户的数量。学校形成了邻里单位中心区的核心,"周边聚集着地方性购物中心以及诸如诊所一类的社区建筑……"(博伊德等,1945)。邻里这个术语在这里所代表的空间规模并非亚历山大说的那种更小型的空间单位。正如吉伯德和其他一些人所认为的那样,邻里具备其自身的建筑风格并形成连续的视觉印象非常重要。邻里之间的分界线强化了每个邻里单位的完整性。在当时的哈洛新城以及其他英国新城中,自然景观是邻里单位间分界的标志。然而,自然景观虽然是一种有效的视觉手段,但它同时也增加了城市中各种活动地点之间的距离并削弱了相邻邻里单位之间的联系。从现有的城镇中可以看到,邻里之间大片的开放空间是最没用的。其他的邻里分界手段还包括:主要的交通道路;运河和其他水道;或建筑风格上的一种突变。但一般不会有像贝尔法斯特内the Shankill和福尔斯之间横亘的"停火线"那样生硬的分界(图6.7)。亚历山大在主张需要划定空间单位之间界限的同时,也认为这种界限应当是"柔性的"而不是"刚性的","要保持边界的模糊性并提供邻里相互的联系"(亚历山大等,1977)。覆盖范围直径为1英里,具有公共交通服务设施的邻里单位,这种尺度的空间单位,似乎适于未来城市的可持续发展。

6.7a

6.7b

6.7c

图 6.7(a)、(b) 和 (c)　停火线，
　　　分隔线，贝尔法斯特
　　　（摄影：巴·布兰尼夫）

140

邻里术语所表示的第三类空间单位是城市中面积很大的区域，本书在此称之为片区：它的人口数量在2～10万之间。按照林奇和雅各布斯的观点，这应当作为市议会层面下属的主要政府单位（雅各布斯，1965；林奇，1981）。雅各布斯之后的多数学者都赞成她关于城市及其片区活力的论点："这个普遍规律是城市复杂性和多样性的需要，它促使城市的不同功能在经济方面和社会方面能够不断地相互支撑"（雅各布斯，1965）。譬如，戈斯林援引雅各布斯的观点提出了形成一个成功区域的四个条件："需要主要土地用途的混合……需要形成小型的街区……需要保留老的建筑……需要集中发展"（戈斯林和梅特兰，1984）。来昂·克里尔也有相似的看法，他强调了改造的必要性："……将居住区（卧城）转变为城市的组成元素，再改造为城中之城，进而改造为整合了城市生活所有功能的片区"（克里尔，1978）。

从迄今为止所提出的观点可以看到，将城市细分为可持续的片区有两种可能的结构形式。其一是2～10万人的城市片区，有一个主要的中心区，周边的副中心为5000～10000人的组织完善的邻里单位。其二是两万人左右的片区，有一个中心，片区再细分为500人的小型邻里单位。这两种结构模型均可用于新城规划或现状城市大型市郊拓展部的规划；然而，这样的发展模式未必是未来的标准模式。在可见的将来，西方城市仍将基本保持现有状态。但在城市的边缘区会出现一些变化：在21世纪初，西方城市里的绝大多数人将居住在已经开发了的市郊。所有城市都由各个部分组成，这些部分可被称作行政区、飞地、地区、片区或选区。有时，它们有着显著的、普遍的特征，成为一处清晰明确的地域。然而，并非所有的城市都能这样进行整齐地划分："最明确的区域在它的边缘也会变得模糊而不易辨认。大多数城市区域缺乏明显的特征。不过，我们不要将特征与区域的复杂性混淆起来。城市的复杂性——各种互补性活动的紧密结合——是形成城市的一个主要原因，也是城市生活的趣味所在"（施普赖雷根，1965）。城市是社会、经济和视觉形象的复杂综合体；而城市的使用者们对其物质结构进行了简化来便于理解城市的形态，进而对其作出回应。帮助城市和城市各组成部分塑造强有力的清晰形象，这就是设计师的任务。而局部形象的突现则建立在相对于组成部分来说是一个稳定的轮廓或边界的基础上（林奇，1960）。

城市片区和邻里的实践

南阿姆斯特丹：贝尔拉格

自1900年以来，阿姆斯特丹就有着持续的城镇规划传统。19世纪末至20世纪初这段时间里，阿姆斯特丹飞速发展。如本世纪的头20年，城市增长了50%。为了适应这一增长，阿姆斯特丹的建造活动在本世纪的大部分时间里几乎从未中断过。20世纪的前几十年中，一些新的片区的涌现，使得此时阿姆斯特丹的城镇建筑格外引人注目。几位极富想像力的建筑师的作品为这些城市的扩展项目增色不少，他们都是"阿姆斯特丹学派"的成员。除了南阿姆斯特丹的扩展是作为一项细致分析的课题进行的外，与此同时，在阿姆斯特丹城市设计的这段高峰期，其他的城市拓展项目也相继开展：如建于北阿姆斯特丹和东阿姆斯特丹的许多富有吸引力的田园村庄(Ons Amsterdam,1973)。

　　在伦敦，18世纪那些令人赞叹的广场和新月形街道是为贵族们和富有的中上层阶级建造的(图6.8和图6.9)。在巴黎，

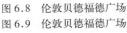

图6.8　伦敦贝德福德广场
图6.9　伦敦贝德福德广场

6.8

6.9

Hausmann大街是为中产阶级服务的，而穷人们则挤在大街之间的像贫民窟一样的房子里。与之形成鲜明对照的是，本世纪初的阿姆斯特丹建筑主要服务于社会中下层和就业人口。吉丁是这样解释这种社会化纲领实现的开发过程的：

　　房屋信用合作社以非常轻松的还款期限来接受政府的建设贷款，贷款由社区担保。这样，法令(1901年住宅法案)可以使政府对所有建筑活动具有决定性影响。与此同时，政府也尽最大努力(尽管有时并不成功)把自身变成一个最大的土地拥有者，在投机活动抬高地价之前获得居住区所需要的土地。而且，像伦敦的地主贵族一样，阿姆斯特丹政府只出租而不是出卖土地(吉丁,1954)。

　　荷兰1901年住宅法案的另一项革新措施是迫使地方当局对各项拓展计划作出决策(公共工程部,阿姆斯特丹,1975)。1971年，建筑师贝尔拉格向市议会提交了一份完备的南阿姆斯特丹规划作为城市拓展计划的一个组成部分。这项规划的风格及其

极具影响力的设计方法为城市片区的规划建立了新的标准。可以毫不夸张地说,此前从未有任何一项片区的规划能够与之相匹敌。该规划最后最终得以实施,规划在整个片区的建设中成功地采用了相似的建筑设计手法,同时还满足了社区的特殊需求。而发展商在获得建设许可前要把设计方案提交给"美化委员会",该委员会一直坚持一种和谐统一的街道立面形象。委员会的原则是鼓励发展精美的城市建筑,德·克勒克及阿姆斯特丹学派的其他一些建筑师以其卓越的才能和想像力来响应这一挑战(图6.10至图6.12)。

6.10

图6.10 南阿姆斯特丹,贝尔拉格雕像
图6.11(a)和(b) 南阿姆斯特丹
图6.12(a)和(b) 南阿姆斯特丹

6.11a

6.11b

6.12a

6.12b

1902年，贝尔拉格为南阿姆斯特丹拟就了他的首轮规划草案，此时，他最优秀的建筑作品，阿姆斯特丹股票交易所即将竣工(图6.13)。在首轮规划中，街道设计沿袭了19世纪中叶巴黎奥斯曼公园的法国式花园流线形的设计手法(图6.14和图6.15)。这一轮规划以浪漫主义的个性特征和有机的形态特征来构建片区。它可能也受到了西特反对道路设计采用强制性的轴线和人工网格系统观点的影响。贝尔拉格所面临的问题是如何使大面积的高密度住宅区具有一定的识别性。即使贝尔拉格也许已经意识到最初的低密度田园城市概念的意义，但这一概念并不适用于他的规划设想。贝尔拉格所依据的是直接来源于文艺复兴的城市传统。片区内的每一个邻里单位都以一座重要的公共建

图 6.13 阿姆斯特丹股票交易所
图 6.14 贝尔拉格的首轮南阿姆斯特丹规划方案 (吉丁，1954)
图 6.15 19 世纪的法国式花园 (吉丁，1954)

6.13

6.14

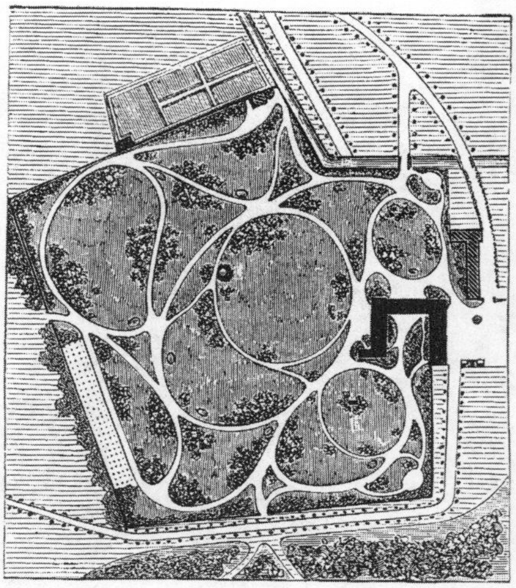

6.15

筑作为主导。邻里单位聚集在一个市场、一座剧院或一所大学周围，而这些建筑赋予了每一个邻里单位自身独特的个性。同时，片区依据人的尺度来构筑，以易于居民的识别和理解。

1915年，贝尔拉格提出了第二轮的南阿姆斯特丹规划方案。本次规划仅仅提供了一个道路系统框架（图6.16）。方案最显著

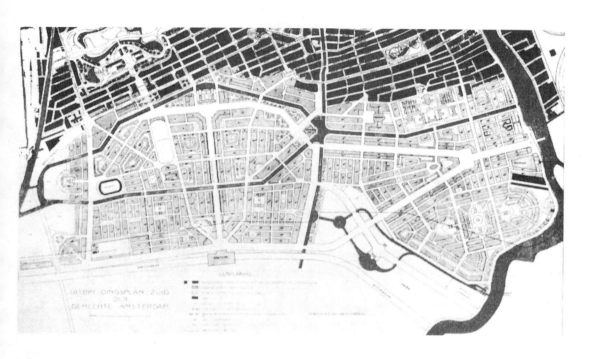

图6.16 贝尔拉格的第二轮南阿姆斯特丹规划方案（阿姆斯特丹公共工程部，1975)

的特点是在三条干道的汇合处形成了一个邻近阿姆斯特尔河的"Y"字形交叉口。这些街道宽阔优美，景色宜人：道路两旁绿树成阴，树后连续的四层建筑立面秉承了阿姆斯特丹学派典型的表现主义风格。道路之间是环绕大片的草坪和灌木、由四层建筑组成的一个个街区。该轮方案尽管在革新性上比不上1902年的第一轮方案，但其中采纳的部分规划在建成后显示出一种人性化和优雅的风格。吉丁，这位现代建筑运动的拥护者，对贝尔拉格的尝试不屑一顾："这个实例（南阿姆斯特丹）仅仅表明，在1900年，即使最进步的思想也难免受到追求虚伪纪念性—— 一种矫揉造作或虚假的纪念性的设计倾向的影响，因为这种纪念性可以用来掩盖城市组成当中的困惑、混乱和不确定性，就算留给规划师们自由发挥的空间也是如此"（吉丁，1954)。事实上，不应把建于19世纪60年代末和70年代初遵循现代主义建筑运动规则的片区，如阿姆斯特丹的Bijlmermeer与贝尔拉格及其合作者们赏心悦目的表现主义建筑作品相提并论（图6.17和图6.18)。

图 6.17　Bijlmermeer（阿姆斯特
　　　　丹公共工程部，1975）
图 6.18　Bijlmermeer（阿姆斯特
　　　　丹公共工程部，1975）

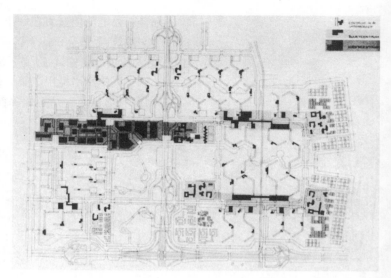

6.17

6.18

维也纳：奥托·瓦格纳

　　1910年，奥托·瓦格纳（1841～1918）为维也纳的一个片区制定了一个规划方案。和与他同时期的贝尔拉格一样，他没有沿用田园城市的设计方法，而是更倾向于以中央采光的四层、五层或六层的街区建筑为基本模块的欧洲传统城市形态。瓦格纳的规划布局非常整齐划一，长长的轴向街道组成了一个平淡无奇的方格网（图6.19）。尽管瓦格纳的城市设计方法显得有些迂腐，但他却是最先意识到居民需求应对规划起主导作用的人之一："瓦格纳的主要兴趣是为一般意义上的人创造健康的环境。他是最早认识到大城市包含有许多不同类型的人、同时每种类型的人

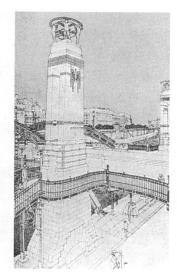

6.20

都有不同的居住需求的人之一。他还看出,一般的城市居民随着境况的改变,其居住要求也会有所变化"(吉丁,1954)。对人类需要的体察是瓦格纳对城市规划和城市设计最主要的贡献。瓦格纳关于维也纳地铁所开展的工作使他对不同的交通工具在不同层次上的运行发生了兴趣。他将铁路、街道和桥梁结合在一起所做的效果图预示着未来在像朗科恩或坎伯诺尔德这样的现代化城市或多层立体城镇中心中,复杂交通换乘站的出现(图6.20)。

图6.19　瓦格纳为维也纳中心区制定的规划(吉丁,1941)
图6.20　瓦格纳绘制的效果图(吉丁,1941)

6.19

佐克西亚季斯和伊斯兰堡

Ekistics的观点之一是认为住宅区和生长的有机体一样,都是由细胞组成的:

对自然界中有机体生长的研究表明,绝大多数有机体在成长的过程中其细胞的大小保持不变。无论一个人年老还是年轻,一棵树新生还是正值壮年,细胞的大小总是相同的。在这儿,我们可以得出这样一个重要结论:对理想方案的探寻应当转向对有机体静态细胞动态成长的方式的研究(佐克西亚季斯,1968)。

根据这一理论,住宅区的发展和改造应当和细胞类似。如果把村庄看作是一个基本的细胞单元,那么它的发展应通过增加另一个村庄或者说细胞单元的方式完成,而不仅仅是中心或是说细胞核以及周边部分的增长。在发展和转化的过程中,为了保护村庄在发展和改造的压力下遭受破坏,在重新安排道路时必须保持村庄作为一个单元的完整性。而由于发展所带来的新功能应当以一个新的中心的形式成为下一个村庄单元的核心。

佐克西亚季斯认为最小的人类社区应当有大约2000户家庭，其中500户为下限，3000户为上限。在伊斯兰堡，佐克西亚季斯尝试将这种规模的社区作为城市结构的基本单元，经过组合形成城市之中规模更大的区域。他认为这种组合可以有两种尺度：建立在步行基础上的人的尺度以及与快速交通相联系的非人的尺度。在伊斯兰堡，基本社区单元大约为1平方公里，没有主干道穿越。四个这样的单元组成一个更大的社区或区域，周围环绕着主要公路（图6.21和图6.22）。"在这儿（伊斯兰堡）我们可以看到非人尺度的主要道路网如何从长度为1800米的分区之间经过，然后再在分区中派生出次级的道路网，从而使主道路网不进入分区而产生穿越式的交通，由此就将每个分区分为了三或四个居民社区"。（佐克西亚季斯，1968）。这样的区域可容纳4～5万

图6.21　伊斯兰堡的一个分区（佐克西亚季斯，1968）
图6.22　伊斯兰堡

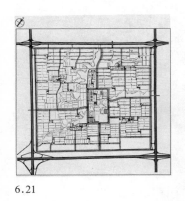

6.21

6.22a

6.22b

人，不过，佐克西亚季斯建议社区的组团数及其规模应与整个住宅区的规模相称。

哈洛及其片区

在前面的章节已经讨论过的哈洛新城分为四个片区或者说是区域。正如前面所提到的，自然景观以及自然地貌是将一个片区与另一个片区区分开来的重要手段。每个片区都有一个主要的中心，规划人口大约为两万人。片区由一组邻里单位组成，邻里单位的中心集中了50所商店、教堂、健康中心、图书馆分部以及会堂等。而四个片区中的其中一个又将镇中心作为自身的中心区。

哈洛新城东北部马克·霍尔片区分为三个邻里单位，并通过主要道路和自然景观将三个邻里单位分离。邻里单位集中在片区主要道路的交叉口上。每个邻里单位在中心位置设有小学，还设有4～6所商店、一座会堂和一家饮食店。每一个邻里单位又进一步被划分为不同的住宅组团，每个组团有150～400家住户，组团中央是公共活动空间和租户们的公共休息室："这样，城镇社区组群就有了四个层次：住宅组团及其活动空间和公共休息室；邻里单位及其小学、购物中心和会堂；邻里组群及其大型商店和其他社区设施；市中心"（吉伯德，1955）。

住宅组团通过贯穿每个邻里单位的枝状或环状道路与中心区及主要道路联系起来。在马克·霍尔，还设计了将邻里单位与工业区、中心区及城市的其他区域相连的分离的自行车道和人行道。尽管马克·霍尔的城市形态与佐克西亚季斯在伊斯兰堡采用的方格网形态有很大的不同，哈洛新城的规划师吉伯德也同样使用了有机这个术语来描述他的设计："最终形成的规划模式是一个有机系统，在这个有机系统中，离住宅组团中心的距离越远，道路的尺度越大"（吉伯德，1955）。曾被佐克西亚季斯使用过的有机这个概念，在吉伯德及其他建筑师和规划师那里，派生出了多种不同的形式。在哈洛的规划中，有机是指各种设施、中心和道路所形成的、类似树木枝状结构的等级体系；也指由类似细胞的单元组合在一起，所形成的更庞大的城市部分。将当地中心和小学安排在所有住户的步行距离范围内是哈洛规划的一个特征，这个特征应当普遍应用于未来可持续发展城市的规划。关于哈洛规划，争议最多的地方就是，就可持续发展而言它的毛密度太低。这增大了片区内不同区域之间的距离。而有关可持续发展的论著所建议片区居住密度比之要高，并在周边安排了一定的自然景观。不过，这样的方案也许不适于英国式的城郊生活方式，而对哈洛来说，也将使其最富吸引力的特征之一——自然景观的效果受到一定的限制（图6.23至图6.26）。

6.23

6.24

6.25

6.26

图 6.23 至图 6.26　住宅和自然
　　　　　景观，哈洛

诺丁汉克利夫顿区

新城并不是第二次世界大战后英国城市发展的惟一方式。在大部分大城市的周边，开展了由地方政府进行的大规模的都市拓展。这些住宅区是为那些没有能力确保偿还抵押贷款和更愿意租房的人兴建的。在20世纪的50年代和60年代，这样的建设遍及全国，如利物浦的Croxteth和柯比。诺丁汉的克利夫顿就是这样的一个片区。它建于城南的特伦特河畔。这一新开发项目主要由两层的联排和半独立式住宅组成。交通繁忙的A453干道把新区与克利夫顿原有旧的村庄分离开来。克利夫顿的旧村庄坐落在一个山脊上，俯瞰着宜人的特伦特河谷。在干道的同一侧、毗邻旧村庄是新诺丁汉特伦特大学校园的一个大校区，包括教学区、行政管理区和住宅区。这个片区人口规模大约为27000人，周边为环绕着城市绿带、特伦特河谷、学校和其他一些自然景观。克利夫顿实际上是城市边缘的一个城镇，它有自己的主要中心和副中心，中心区里有本地的商店、旅馆和社区会堂等设施。克利夫顿的道路并不像当时新城里的道路那样刻意地加以分类，大多数路有多种用途，也并没有专门为步行者规划道路。在克利夫顿,当地主要的就业都与商店、学校和大学有关。在社区内也曾发生过激烈的抗议活动,例如,公路管理处挖地筑路、拓宽干道的提议就遭到当地一些居民团体的强烈反对。在1996年举行的公众听证会上,这些居民团体运用他们的政治影响力说服了诺丁汉市议会和当地的议员们支持他们反对这项提议。社区居民建议修建支路并发展连接市区的公共交通,这样的做法与公路管理处破坏环境的提案比起来对未来的可持续发展而言显得更为恰当(图6.27至图6.30)。如果是由一个选举产生的社区委员会,而非由社区积极分子组成的特别团体来代表居民的意愿,那么现有的城市片区,如克利夫顿就会获得更大的政治影响。社区委员会的作用是明确地方规划的议程,力求提升环境质量,保护自己珍贵的环境资源不受各种势力的破坏和侵蚀。

图 6.27 和图 6.28　克利夫顿的
社区
图 6.29 和图 6.30　克利夫顿的
战后住宅

6.27

6.28

6.29

6.30

上海的一个城市片区工程:
理查德·罗杰斯

　　理查德·罗杰斯在他的《Reith Lectures》中讨论了可持续发展的原则及其在建筑、规划和城市设计领域当中的应用,继而描述了一个可持续城市片区的项目实例。也许人们并未认识到上海的这个工程是对城市发展中崭新和亟待的环境课题的有益尝试。

1991年,理查德·罗杰斯应上海市政府的邀请,为这个城市的一个新区制定战略性的规划框架。上海市政府策划的这个新区是一个面积为1平方公里、可容纳50万人的国际性办公区。新区规划以汽车交通为主导,这就意味着要有大量的道路以满足高峰时段的交通需求。同时,还要有人行天桥和地道组成的多层次步行系统,当然也少不了要提供大量的停车位。在满足了汽车交通的各种需求之后,基地剩余的可建设面积就只剩下三分之一,而且每幢建筑之间还被公路分隔开来:"这样做的结果是形成了一片孤立的摩天楼,每栋高楼为大面积的汽车所包围:这样的设计从社会和环境角度的各个方面看都是不恰当的"(罗杰斯,1995a)。这是又一个伦敦Docklands的the Isle of Dogs,只是规模更大一些,并且是非可持续城市片区的一个典型范例。

与之相对照,罗杰斯的解决方案将:"创造的不是一个从城市生活中割裂出来的金融贸易区,而是一个商业和居住功能相混合的、富有活力的城市片区……"各种活动的混合以及极力强调公共交通的作法使道路面积减少了60%:"空气污染显著降低,单一用途的道路转变为多用途的公共空间——步行者优先的街道、自行车道、市场、林阴道组成的道路网得到扩大,安排一个重要中央公园的想法也成为了可能。所有这些设计的目的都在于将包括公共交通在内的社区日常需求布置在舒适的步行距离范围内并摆脱穿越式交通"(罗杰斯,1995a)。同时,片区又进一步细分为邻里单位,每个邻里单位具有不同的特色,到重要活动地点的路程都在10~15分钟的步行距离范围内。建筑设计从内部看是形成了街道和广场这样的围合空间,从外部看则聚合成了一系列塔楼的优美轮廓线。罗杰斯所做的片区规划正如他在《Reith Lectures》中所阐述的那样,为可持续的片区建立了城市设计的战略目标。

QUARTIER DE LA VILLETTE:
来昂·克里尔

"一座城市只能以城市片区的形式进行改造。大城市或小城市只能被理解为片区的数量多或少;作为一个自治的联合体,每个片区必须有自己的中心、外围和界限。它是城中之城。它必须整合城市生活的所有日常功能。……领域范围的划定应当以步行的舒适距离为基本出发点;面积不超过35公顷,居住人口不超过15000人。……街道与广场应当亲切宜人。应采用最出色、最优美的前工业城市的那种尺度和比例"(克里尔,1984)。克里尔试图通过大量的工程实践去诠释这种城市片区的设计主旨。巴黎的拉维莱特片区就是这样的一个尝试,克里尔的图示画面精美,配以简洁的注释,很具说服力。克里尔的拉维莱特项目以一个中央公园为主题,绵延在乌尔克运河两侧,形成一大片休闲娱乐区。一条宏伟的林阴大道与运河垂直相交,大道长1公里,两侧各有一条50米宽的干道。干道旁的空间被各种大型的都市建筑占据,包括旅馆、文化中心和市政厅等。除这些主要建筑外,在林阴大道上,两条干道之间形成了主要的城市外部空间。朝向林阴大道的是较小的邻里单位,作为副中心,其服务设施聚集在小型的、更为私密的公共广场周围(图6.31至图6.33)。

图 6.31 至图 6.33 克里尔设计的拉维莱特

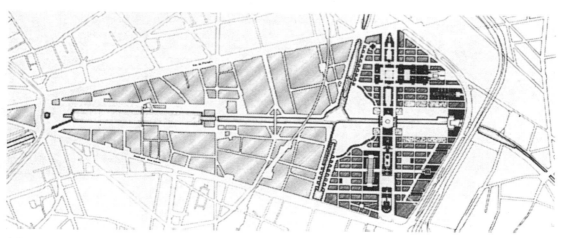

6.31

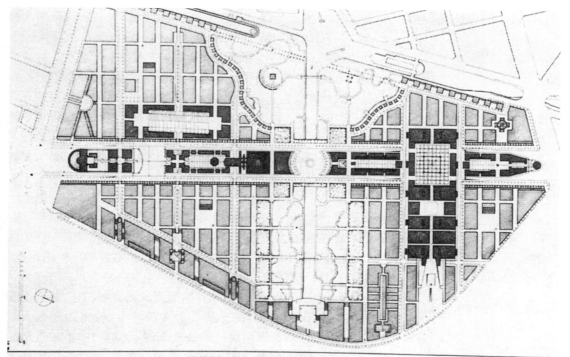

MASTER PLAN OF THE NEW QUARTERS OF LA VILLETTE

6.32

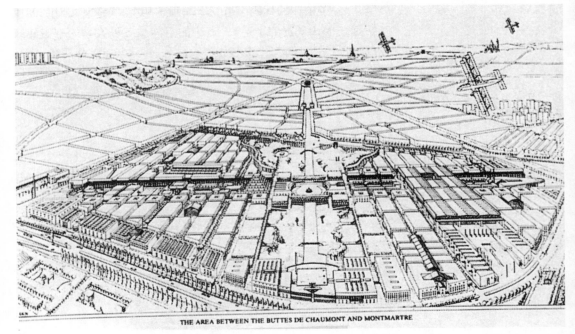

THE AREA BETWEEN THE BUTTES DE CHAUMONT AND MONTMARTRE

6.33

LAGUNA WEST,加利福尼亚:CALTHORPE建筑师事务所

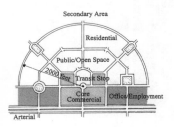

图6.34 TOD的概念(Calthorpe, 1993)

在美国,CALTHORPE建筑师事务所正实践着继承北美文脉的城市形态,以此为目的发展而来的一个很有用的概念——TOD,即Transit-Orientated Development:"Transit-Orientated Development(TOD)是一个多功能社区,它距换乘站和商业核心区的步行距离平均在2000英尺以内。TOD将居住、零售、办公、开放空间和其他公用设施混合在一个适于步行的环境里,居民和雇员骑自行车、步行、乘汽车或通过换乘出行都很便利"(Calthorpe,1993)。这种模式的开发可以在整个城市的任何地区进行,既可以是城市化地区的未开发地块,也可以是有重新开发利用潜力的地块或是新的城市开发区。不过,它们应位于或靠近一条已有的或规划中的公交线路,最好在当地的一条巴士支线上,到主要公交线路的距离在三英里或10分钟的车程以内。TOD的理想规模应基于到达公交站点的适宜步行距离,并力求在这段步行范围内通过Calthorpe所建议的中等或者高密度住宅来最大限度地利用土地(图6.34)。

Laguna West位于加利福尼亚的萨克拉门托,基地面积为800英亩,是TOD概念第一个实践项目。城镇的规划人口10000人,规划有绿树成阴的舒适街道、公园和一个65英亩的湖。有五个邻里单位共2300家住户围绕在湖、社区公园和城镇中心周围。城镇中心另有一个1000户的更高密度的住宅区,并设有商店和办公楼。Laguna West中住宅的类型和标准比其他开发项目要广泛得多：从伫立在大面积基地上的独门独户的豪华别墅，到典型的市郊家庭独立式住宅，到小平房、联排住宅、公寓和单元住宅都有。首期开发18个月后，建成了200户家庭的住宅，湖泊、绿地和市政厅也已竣工。另外，一个大雇主——苹果电脑公司也被吸引过来，并需要45万平方英尺的空间。这个项目及其支撑理论在很多方面与现行于欧洲的观念类似。该项目在安排城镇各项活动及统筹考虑各种地方性因素时，尽管遵循公交优先的原则，但也并未完全忽视汽车的需要（图6.35）。

图6.35 加利福尼亚的 Laguna West（Calthorpe，1993）

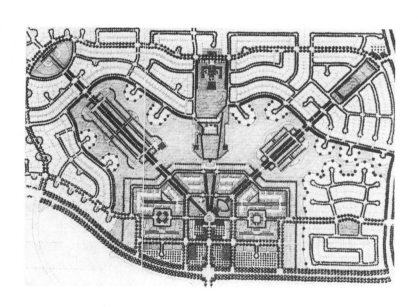

结论

　　关于城市片区的规模问题有两种截然相反的观点。以雅各布斯为代表的观点着重于片区的政治功能。强调一个社区占据的区域大小应足以形成自己的行政组织。这个社区必须足够大和足够强壮，以便能维护整个团体的利益。雅各布斯相信社区人口只有在10万人以上才有可能实现上述要求。她认为这些团体对选举代表们的言行应具有一定的影响力。相反，亚历山大则认为只有至多500～2000人的小团体才能作出有效的决定。这种规模、有凝聚力的小团体能明确社区目标并取得一致，继而能主动和有效地实现目标。

　　主要为物质规划规划师所支持的另一个观点将片区的规模与从片区中心在适宜步行距离即可到达边界的要求联系起来。在设计可持续片区时，这是一个特别重要的考虑因素。来昂·克里尔支持以这种方法划定片区界限，并绘制了很具说服力的图示。克里尔认为片区的规模大约在12000人左右，也就是，到中心场所的步行距离在10～15分钟以内的、中高密度发展的居住区人口。这就是遵循欧洲的城市传统，对可持续片区的理解和诠释，在那儿，片区的建筑通常为四五层。

英国的传统介于两种观点，即北美的方式和欧洲大陆的方式之间，采用了一种折中手段。英国偏好中低密度居住环境的城市文化，导致了相应的片区形式。在市郊花园社区自己的地皮上建造独立或半独立式住宅仍旧是绝大多数英国人的理想。约5000人的邻里单位是战后早期英国新城的一个特征，这在设计上主要是考虑到步行者便利出行的需要。规模限制在5000人以内的原因是，在这个范围里，从周边通过适宜的步行即可到达中心，同时，可以按照英国的标准采用合理的居住密度来安置这些居民。这些早期新城又将邻里单位组合成18000～24000人的区域。这个区域及其中心就相当于欧洲的一个片区。在邻里单位之间引入自然景观区后，这些早期新城形成的区域的毛密度进一步降低。这种做法在强化各个组成部分识别性的同时，也增加了出行的需求，并削弱了步行的吸引力。为促进机动车的发展而额外增加的土地供应使这种倾向更加严重。

显然，有相当数量的术语用于描述城市的分区：包括分区、区域、片区、邻里单位、领域和社区。而城市规划和设计领域的人士对这些术语又提出了各种不同的含义，使情况变得更加复杂。在本章中，片区这个术语是指人口为2～10万人的城市大型分区。邻里单位是指人口在5000～12000人之间的区域。而当地社区这个术语是用来描述500～2000人的几条相关的街道。并不存在关于片区、邻里单位或当地社区的理想规模或固定规模，一座城市的构成也不必包含所有这些分区的类型。各种分区类型的规模应随城市规模的变化而变化，这样说可能更符合真实情况。对于一座大都市，片区的规模可能会大到有10万人口，而对于小一点的城市，合适的规模也许会是2万人。除了城市规模，是否愿意采用高密度的居住方式对片区的形式也会产生一定的影响，公交设施的类型和布点对决定片区规模同样会起到一定的作用。

将城市划分为片区还是区域，名称并不重要，重要的是能否达到可持续发展的目标。如果城市的这些分区在政治上合法化，它们选举出来的委员会又赋予一定的权力，并能保护和提高当地的环境质量，那么这种分区在促进可持续发展方面就是最有效的。如果片区的形式能与公共交通系统相协调，并能促进公共交通的完善，那么它在支撑未来的可持续发展方面将具备更深厚的潜力。

第七章 城市街区

　　一座城市可持续发展实现的程度,既与城市街区的形式有关,也与各项功能的布局有关。街区的设计手法以及街区内的土地利用的混合方式,都影响着建成环境的质量。目前可持续发展领域的学者普遍认同的观点,是反对土地利用区划这一粗略的概念,主张采用基于多种功能和活动混合的更为精细的城市结构形式。传统城市将居住和办公设施安排在底层商业街的楼上,因此对机动化不存在依赖,这作为一种理想的生活方式,常常被加以借鉴。同时,一座城市如果具有完善的用地结构,而非现代都市所常见的类同的商住区或工业区,就更有可能减少对交通的需求,随之也更有可能创造一个富有趣味和适于居住的环境。无疑,一座城市的好坏取决于公共街道和广场的质量,取决于它们的形式、围合它们的建筑立面、观光者们穿行的区域以及那些悦目的宏伟雕塑和喷泉。不过,构成公共空间并使之充满活力的是街区的规模、功能和结构。本章将考察有关城市街区形态和功能的各种理念以及城市街区在城市构成中的作用,尤其要对可持续城市中的街区作详尽的分析。

　　在19世纪20年代和30年代,传统的19世纪城市中的街道和街区遭到了现代建筑运动领袖们的强烈批判。比如,勒·柯布西耶是这样评述街道的:"我们的街道不再起作用了。街道是一种陈旧的概念。不该再有像街道这类东西,我们必须创造出某种东西来取代它们"(勒·柯布西耶,1976)。格罗皮乌斯也表达了类似的观点:"底层的窗户不再正对着空白的墙壁或是狭窄阴暗的院子,而是有树有草的、将街区分离的开阔地带,这些开阔地带作为儿童的游戏场,在那儿可以仰望辽阔的天空"(格罗皮乌斯,1935)。对上述这种目标最直白的表达就是当时的工程项目,这些项目破坏了传统的城市机理,取而代之的是一列列毫无装饰的大厦静静地矗立在一大片旷野中(图7.1和图7.2)。吉丁,这位现代建筑运动的辩护者,直截了当地对街区进行谴责。在贝尔拉格关于南阿姆斯特丹出色的开发规划中,包括有街道和街区的内容:吉丁就找出这样那样的缺点,指责贝尔拉格是上世纪的建

图 7.1　河边或湖边的一个项目
　　　　（格罗皮乌斯，1935）
图 7.2　一组 10 层寓所的项目（格
　　　　罗皮乌斯，1935）

7.1

7.2

筑师："……贝尔拉格的方案反映出那个时期的主要矛盾,即无法找到新的办法解决时代的特殊问题。特别在1902年版的规划中(以及1905年版的某些方面),我们感觉到贝尔拉格为尝试打破过去几十年的习惯做法所做出的努力……"(吉丁,1954)。相反,吉丁在关于工业城市的探讨中,对加尼尔将地块与道路成90度布置并取消了街区的作法大加赞赏："封闭的体块和奥斯曼时代的采光天井被彻底铲除了"(吉丁,1954)。而今是重新认识街道和街区价值的时候了,这是把绿色环保提到城市议事日程上来的新要求,也是减少因汽油燃烧所引起的空气污染的需要。城市绿色环保要求抛弃现代建筑运动的大师们过去对街道和街区的批判。要求再次从城市建筑的伟大传统中找寻灵感,用今天的新语汇去诠释传统,力求展现可持续发展城市文明进步的新景象。

　　在设计街区时,有三类因素要加以考虑。第一是街区的社会经济功能;第二是街区在城市结构中视觉和物质的作用;最后一类因素是就技术而言如何使街区正常运转以及如何考虑组成街区的建筑的采光、通风和采暖这些因素。如果把形式看作是功能和技术的产物，那么街区的规模就会根据功能和技术可行性限制条件的不同而变化。这样的结果太显而易见了，由单一用途的大型街区组成的城市破坏了公共道路的复杂网络，这种粗线条的城市到了夜晚一片死寂，市民们被快速行驶的汽车所包围，没有任何保护措施(图7.3和图7.4)。然而，绝大多数的城市功能可

7.3

7.4

图 7.3 Broadmarsh 购物中心，
　　　　诺丁汉

图 7.4 维多利亚购物中心，诺丁汉

以合理地包容在形状和形态类同的城市街区里(特纳，1992)。在可追溯到若干世纪以前的历史性的城市中，街区或建筑群由于业主或用途的改变已改造了多次。下面的段落在强调功能和技术的同时，将把更多的重点放在街区在城市中所起的视觉和结构作用上。如果街区在城市肌理中所起到的结构性作用可以决定它的合理规模和形态，那么就可以说，通过改造，街区将可以满足绝大多数的城市需求。

　　尽管可持续发展理论明确指出，城市、片区、街区应朝混合型用地的方向发展，但这一理论既未具体说明其确切的意义，也未详细规定用地混合应达到何种复杂的程度。无疑，将大规模的、有害、喧闹或危险活动的建筑临近住家放置的布局，无论对专业人士还是对普通市民来说都是无法接受的。但要决定能否把渴望宁静祥和的住家与会引起噪声、垃圾和其他麻烦的小型商业设施如酒馆、"外卖"毗邻布置就相对困难一些。但是，这样的设施可以增添城市的生命力和活力。因此，城市用地应当混合到什么程度？特别是街区自身内部的用地是否应混合使用？可持续发展领域对这两个问题还存在争议。而理论只能解决部分问题，具体考察项目的实例则可以提供论据以求得明确的答案。

　　显然，在未来的城市中仍将存在单一用地的街区。也就是说，整个街区全部是或几乎全部是住宅、商业、工业或其他单一用地。但是，在可能的情况下，应避免在城市中产生这样大面积的单一用地。以下原则可以作为指导，即2～10万人的城市片区就

应当在其范围内对不同用地进行合理的组合。它除了居住用地外，还应当包含多种功能，提供就业、教育、娱乐、购物和整治的机会。片区是城中之城，它的用地平衡应当反映城市作为一个整体的用地平衡。应当主要以片区而不是街区来确保整个城市内用地的平衡分布。而城市街区也可以布置多种设施，安排住宅、商店、办公用房及小型幼儿园等诸如此类的功能，进而有益于环境。如果现在的许多城市依然保存着"楼下商店、楼上住宅"的传统，市中心就会更加安全、更有活力。实际上，一些市议会正在探索将商店上部没用的房间重新改回为公寓的相关政策。可以看出，在未来可持续发展城市中，将会有一系列的街区以不同的比例和不同的功能组合从单一功能转变为多种功能街区。

　　街区的理想规模和片区或邻里单位一样，并不能界定得十分精确。可以将克里尔的观点作为一个粗略的指引，他认为："在街区类型可能和可行的条件下，街区的长度和宽度应当尽量短小，在城市空间多元化的模式下，应当尽可能多地布置界定明确的街道和广场"（克里尔，1984）。最小的街区通常可以在传统城市的中心区找到。它们代表着一种在相对来说比较小的区域内产生最大数量的街道和临街面的开发形式，这样的街区结构能使商业的利益最大化。与这种发展模式联系在一起的高密度而激发产生的频繁文化、社会和经济活动，是城市文化的生命之源。这种类型的城中心物业在底层最典型的特征是有很多门和开口。传统的欧洲市中心具有一定的可穿透性，"只有人们可以到达的场所才有商机。因此，一个环境使人们有可能穿越，可以从一个地方走到另一个地方是产生聚合效应的关键手段"（本特利等，1985）。传统的市中心街道除在经济交换和社会交往中起到自身的作用外，还促进了分配和交流。与之相比，现代大型街区只有少量有人看守的入口，大多数交流活动在建筑内部进行，室内的走廊、私密的街道或宏丽的前厅繁荣了流通，而街道却丧失了其基本功能，被走廊所取代。街区越大、越相似，对城市社会、经济和物质网络的破坏作用也越大。用途单一、所有权单一的大型街区是城市衰落过程中最具影响力的因素。这种街区及其同伙——汽车的作用是大城市死亡的真正原因。

　　或许确定理想城市街区的精确规模比较困难，但是除消过大的街区则完全可能做到。这样的街区占地面积庞大，在赋予人民而不是什么一所大学的集团或委员会权力的这么一种民主体制中，更是显得尺度失真，不合比例。在早期的工业城市里，在土地价格低的城市外围地区以及物业价格高的区域里，街区的规模有所扩大。随着城市财富和人口的增长，市中心也不断增大。市中心的扩大以及随之而来的原来中心区范围内的土地价格的增加,导致了开发的压力,并形成了被更少但通常更宽的道路所围绕的过度发展的大型街区。在本世纪,自始至终都是由单一业主或开发商建设着城市中的大部分区域,开发计划在规模上也一直在增加。单一业主或多个业主合伙的大型产业并非完全是近年来才有的现像。中世纪的那些城堡或大教堂及其附属建筑在过去一直占据着城市的主导地位。这代表着独立于城市及其市民的另一种权力构成。20世纪,这种权力拥有者的数量成倍增加。大型工业综合体、医院、大学和许许多多的购物中心,对绝大多数城市来说都是很常见的(图7.3和图7.4)。这些大规模的单个业主所有的街区、或有时是城市区域,可能方便了那些业主或管理者,但却没有把市民的权利放在首位,因为这些都是私有财产,其合法占有者在其权益范围内拥有很大的自主决定权。不过,看不出有什么原因使得一座大学城不能设计成多个小型城市街区组合的样子,同时其中的建筑也为此而专门设计。这种开发模式的一个极好范例是学者与市民相融合的牛津大学(图7.5和图7.6)。利物浦大学则不同,它沿用的是现代主义者的规划手法,这使社区、街道的模式以及小规模城市街区的丰富肌理遭到破坏。它没有采用19世纪丰富多样的城市结构,取而代之以一个

图 7.5　牛津大学的主要街道（摄影：布赖迪·内维尔）

图 7.6　The Radcliffe Camera, 牛津大学

7.5

7.6

大型的城市区域，在学生们晚上离开回到宿舍的时候，这里一片死寂，而到了假期，学生们离开校园回家的时候，这里就完全没了生气（图7.7和图7.8）。

将城市视为是一个"生长的机体"，这一观念使得亚历山大设定了一系列准则以求实现城市有机成长的目标，一些传统城市如威尼斯的发展结果是他非常赞赏的（图7.9和图7.10）。有机成长的准则之一是应当分块发展，"更进一步说，应当对分块发展的理念加以明确的界定，以便确保将大、中、小型项目大致等量地组合在一起"（图7.11）。他还详细说明，任何一种类型单独的

图 7.7(a) 和 (b) 大学建筑，阿伯克龙比广场，利物浦
图 7.8   利物浦大学，贝德福德北街
图 7.9   Rialto 桥，威尼斯
图 7.10 Rialto 桥，威尼斯
图 7.11 项目开发的顺序和规模
        （亚历山大，1987）

7.7a

7.7b

7.8

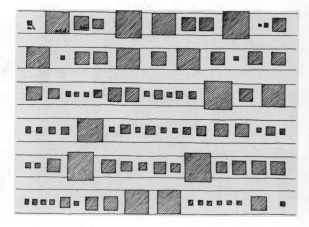

7.9

7.10

7.11

增量都不应太大,而且"大、中、小型项目的数量应该相等"(亚历山大,1987)。亚历山大为项目规模所设定的上限,根据北美的经验,大致为10万平方英尺。这个数字相当于一个没有天井的四层建筑,占地刚好不超过1英亩。不过,亚历山大设置的上限对于英国的城市文脉来说可能太大了,英国的传统街区比美国的街区更趋向于小型化。可持续发展理论认为建筑层数的上限为3~4层,这种尺度比亚历山大设想的也要小一些。把近年来越来越常见的大型建设项目分解为相互分开的独立街区单元,这种趋势看来非常明显。街区内的开发项目应主要限定为3~4层。如果采纳这种对项目规模的合理分配设想,那么,对可持续发展而言,特别是在英国的城市文脉中,应当把以小型和中等规模开发为主导作为城市规划和设计的战略,而不是亚历山大所建议的大、中、小型项目的数量相当。

当然,建造巨型建筑虽然抹杀了老城市结构网络的细腻肌理,但却能使国库获益。因为巨型建筑使公共街道的数量减少,进而节省了城市在维护方面的费用。而且,巨型建筑内的人流车流沿私有街道通行,街道监管的任务也私有化了,因而节省了额外开支。然而,衡量一个社会文明程度的手段是看它的街道和广场对于所有市民来说是否都是公共的、开放的,是否可以自由安全地使用。按照雅各布斯的标准,这种文明社会要求城市能够自我监控,不必依赖于晚上在所有地方实行宵禁或白天通过保安公司的监管以及无处不在的监视摄像机来实现安全和保障(雅各布斯,1965)。

人们有公共和私密的生活。机构也是一样,既有私密的一面,也有公共关系。这两个角色,也就是生活的公共和私密两个方面,在建筑物的正面入口处相碰撞、相融合。友善、容易引起共鸣的环境,穿越它从一个地方走到另一个地方的可能性就会最大,而私密性则需要围合并控制穿越。所以在最大限度地吸引人们进入的同时,还必须要平衡个人、组织和团体的私密性要求。采用合理的出入口设计方法可以保持公共空间和私密空间之间的微妙平衡。在有些文化当中,家庭的私密性是至关重要的,那么可能就会设置半公共和半私密空间的一整套系统将家庭内部的自我世界与外部街道和市场的公共空间联系起来(芒福汀,1985)。环境的丰富能够部分地反映出解决私密性和开放性这些矛盾需求的一种应对方法。

"实体和视觉的渗透性,取决于公共空间网络将环境划分为块的方式,即被公共道路所环绕着的地块"(本特利等,1985)。由小型街区组成的城市,为步行者提供了任何两点间通行的多种选择和不同路径。中世纪欧洲城市就是这种模式的一个极端例证。对陌生人来说,这种城市看起来几乎像是一个迷宫(图

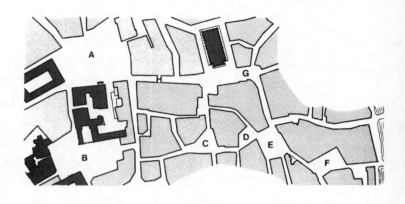

图 7.12　布吕热，由西特绘制

7.12）。另外,大型街区减少了路线选择的可能性,同时增加了道路之间的距离。街区小一些,能看到道路相交形成的街道拐角就多一些,实体和视觉的渗透性因而也增大一些。总的原则就是,在可实施的情况下,城市街区尽当尽可能地小。20世纪50年代以来,为求发展,街区的规模扩大了许多,在这种地方,如果有机会,应考虑恢复传统的街道模式和街区规模。

　　在日常生活中,人们既需要相互接触,又要有自己的私密性,这不可避免地导致产生出一种建设模式,这种建设模式要充当两种不同需要之间的过滤器。在现代主义者对城市规划新的思考问世之前,解决这个问题所采取的传统和切合实际的作法是给建筑设计一个公共的正立面和一个私密的背立面。在巴斯,当地人把约翰·伍德和他儿子小约翰·伍德设计的宏伟的市民中心描述为:"正面是安妮女王,背面是玛丽·安",这雄辩地印证了这个设计原则的存在。其实,这个原则相当简单,即建筑的正面应朝向公共街道或广场,这里有各种公共活动,还包括有公共入口,而建筑的背立面应朝向内部庭院这样一个私密空间,并遮挡着公众的视线。如果这一原则系统地运用于城市开发,其结果将会形成一系列的建筑群或街区,其中的建筑围绕在周边,内部围合的是私密的庭院。这种开发模式是勒·柯布西耶、格罗皮乌斯及现代建筑和规划运动的先驱们所非常厌恶的。勒·柯布西耶这一类设计师的上述看法很难反驳,尤其是有了爱尔兰著名的韦斯特波特这样的反例,韦斯特波特的建筑全部背对着一条河,并把这条河当成开放的排水沟使用。在可持续发展城市中,所有的河流、运河和水道都应当与建筑的正立面联系在一起,而它们自身也应作为城市重要的景观要素(图7.13和图7.14)。

　　我们已经知道,街区在周边建筑的形式和功能允许的情况下应尽可能的小。在英国,英亩作为一种土地成本核算的度量标准和公认的土地划分手段有着悠久的历史。在欧洲大陆采用的更为合理的丈量体系中,公顷发挥着同英国的英亩同样的作用。70米

164

图 7.13　韦斯特波特，梅奥郡，爱尔兰

图 7.14　韦斯特波特，梅奥郡，爱尔兰

7.13

7.14

×70米见方到100米×100米见方的建筑群可容纳大多数街区功能，这种看法似乎还算合理。周边建筑围合形成的街区建筑群规模与私人庭院可能具备的功用有一定的对应关系。本特利等用图表的形式描述了三种主要建筑类型的这种对应关系：分别为非居住类建筑、公寓和花园住宅(本特利等，1985)(图7.15至图7.17)。马丁和马奇对Fresnel广场的分析结果表明，对于任何给定规模的街区，周边建筑背靠人行道的形式使建筑体与可使用的开放空间之间的关系最为适宜(马丁和马奇，1972)。从本特利等的图表中可以看出，对于一个70米×70米见方的街区，由50平方米一套的公寓所组成的四层建筑而围绕成的庭院，其大小足够为每一户提供一个停车位。与之相似，对于一个70米×70米见方的街区，周边式发展的、两层的、五个家庭成员使用的联排住宅，包含50平方米的私家花园，并满足一户一个车位的要求，则每一住宅的正面开间要小于5米(图7.18和图7.19)。当今可持续发

图 7.15 停车标准和街区规模之间的关系（本特利等，1985）

图 7.16 停车标准和住宅（本特利等，1985）

图 7.17 停车标准和公寓（本特利等，1985）

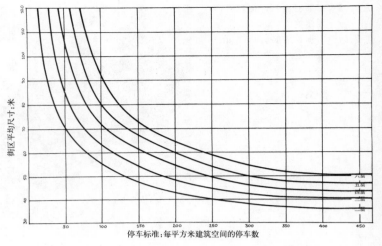

7.15

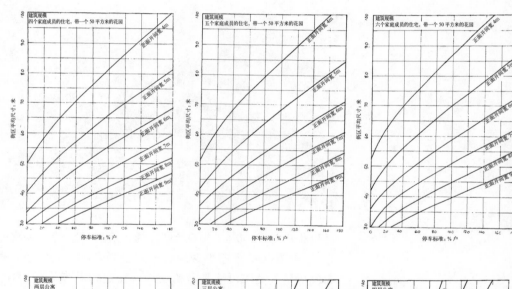

7.16

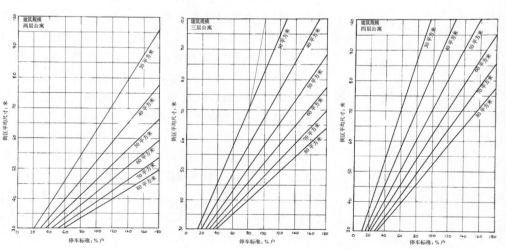

7.17

7.18

7.19

图 7.18　街区内部空间的利用，
　　　　　阿姆斯特丹
图 7.19　街区内部空间的利用，
　　　　　阿姆斯特丹

展关注的不是本特利等在图表中描述的内容，目前关注的是庭院里的空间不必一定用作停车场，而可以当作花园或与可持续发展相适应的其他功用。不过，街区的周边式发展模式显然是可持续发展城市中空间布局最有效的方式。

城市街区的实践

HEMBRUGSTRAAT街，SPAARNDAMMERBUURT，阿姆斯特丹

这个项目于1921年由德·克勒克设计并建造。项目主要由五层公寓组成，是为艾根·哈德(Eigen Haard)"自己的家"住宅联盟建设的。街区尽头的两片联排住宅，围合成了阿姆斯特丹这部分城市的一个公共广场。项目的第三部分是一个三角形的街区，包括有公寓、社区用房、邮局和学校。这个周边建筑围合的小型街区是工程的一个主要部分，它的建筑富有趣味(图7.20至图7.24)。

7.20

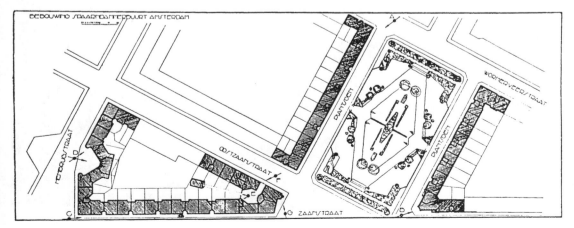

7.21

7.22

7.23

图 7.20 至图 7.22　德·克勒克的
　　　　　　　 Hembrugstraat 街
图 7.23　德·克勒克的 Hembrug-
　　　　　 straat 街，街区内部空
　　　　　 间的利用
图 7.24(a) 和 (b)　德·克勒克设计
　　　　　　 的 Hemb-rugstraat 街，
　　　　　　 细部

7.24a

7.24b

Hembrugstraat的这个项目完成两年后,德·克勒克就去世了,享年39岁。他是阿姆斯特丹学派一位非正式的领导者,很受其合作者推崇。皮特·克拉默,阿姆斯特丹学派的成员之一,德·克勒克的亲密同事,是这样描述他的:"他的图中显现出一种令人信服的力量,给我们一种奇妙兴奋的感觉,好像离Almighty更近了"(Pehnt,1973)。德·克勒克的视野并没有局限在仅仅去满足功能的需求,他对形式更感兴趣,想用形式使使用者感到愉悦。在寻求个性化表现的过程中,他打破了许多组合的标准和建筑适用性的规则。德·克勒克把砖竖向放置,排成波浪形,用屋面砖铺上部的楼板,尽管建筑的这一部分无论从结构上还是从视觉上来看都是垂直墙体的一部分。在有些地方,窗户随怪异的外部形式而设计,不太考虑内部的需求。在这个三角形街区的顶部,有一座高塔,显露出张扬的姿态,它所要提示的只不过是下面的两座公寓和一条街区内通往一个小社区用房的小路。不过,这个街区特别接近人的尺度,给人留下非常愉快的印象。对于21世纪可持续发展城市的建设而言,Hembrugstraat街的这个项目在街区的处理手法方面仍不失为一个杰出的范例。

THE SUPERBLOCK:昂温

图7.25 莱奇沃斯,步行街区

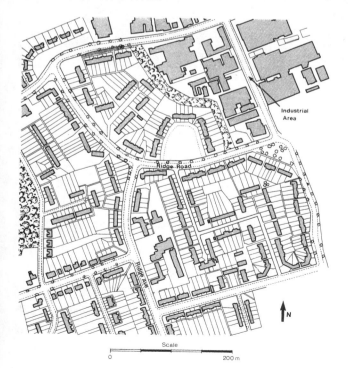

在"过度拥挤将一无所获"这篇评论中,昂温说明了一个数学道理,即沿周边式的发展模式比19世纪典型的长条、平行式的住宅布局要经济有效的多(昂温,1967)。在文中,昂温用同一个10英亩地块的两种方案的图表来说明问题。一种表现了沿街布置联排住宅的典型做法;另一种表现周边式布置住宅的做法。图表清楚地表明,如果把所有开发事项的费用都考虑在内,再加上在道路和维护管理上节省的开支,更开放、更宽松的周边布置方案费用较少。昂温把这种周边布置的概念运用在莱奇沃斯他所做的一些项目中,并结合庭院提供给房客一些小园地,同时,所有的住宅正面都朝向公共绿地(图7.25至图7.27)。在美国,建筑师如佩里、斯特恩和赖特在步行街区的设计方面也做了一定的尝试(图6.3)。结果是形成了Radburn住宅群,它采用了沿周边规划的概念,但为了安置汽车,使得最后的效果面目全非。如果纯粹从形式上看,Radburn体系几

图 7.26　莱奇沃斯，街区内对空
　　　　间的利用
图 7.27　莱奇沃斯，绿地

7.26

7.27

平没有私密性，前后领域的分界也不清楚。正如昂温所表述的那样，如果步行街区的规模不大或有繁忙的小径穿过，对城市住宅来说，它仍然是一个有用的做法，特别是在用周边发展的建筑围绕个人的花园以及或者小园地的情况下。

里士满滨河开发，SURREY：埃里斯和特里

　　昆兰特里的里士满河滨改造项目完成于1988年，并对城市设计和城市规划做出了重要的贡献。在这次古典复兴的尝试当中，对建筑完整性的认识出现了不同的理解。纯粹古典的外立面结合功能性的室内与以往人们特别主张和关注的建筑要诚实，室内和室外要统一的观念形成了巨大的反差。舒适的办公室内沿窗户上沿设置了吊顶，还设有空调和照明灯带，它们与"传统的20世纪60年代"的办公建筑内任何一间类同的办公室几乎没有什么差别。而从河的南岸或桥上看过去,在滨河地带,新建、重建和改建的乔治亚风格住宅混合在一起,用于商业目的或作为市政建筑。对一个外行人来说,很难看得出新建筑从哪里开始,老建筑到哪里结束。而这里也显然成了里士满最受人欢迎的地方。单单从受人欢迎这个角度看,这一开发项目是非常成功的。特里业已完成整个街区以及滨河建筑空间的设计,这些滨河建筑由多种功能混合在一起,前后领域划分清晰。周边布置的建筑围合成一个遵从古典比例的宜人庭院,给人们提供了一个进行交往、晒太阳和呼吸新鲜空气的半私密空间。就城市设计而言,这个开发项目可以说为历史敏感地区的城市建设问题提供了一个非常出色的答案。同时,它也为人们喜爱的游览散步场所营造了一个极好的环境(图7.28至图7.30)。

图 7.28 至图 7.30　里士满河滨开发

7.28

7.30

7.29

ALBAN GATE，伦敦墙，特里 FARRELL事务所

Alban Gate是横跨在伦敦墙之上的一座巨大的双塔式办公大厦。沿伦敦墙坐落着许多20世纪50年代的板式玻璃幕墙办公大楼，Alban Gate取代了其中的一座。这座庞大的建筑采用了夸张的美国后现代主义建筑风格，和旁边一个价值被普遍低估的现代主义作品——Barbican相比显得很不协调(图7.31和图7.32)。Barbican尽管有其不足之处，但仍包含着各种各样的功能，并有风景宜人的公共空间、水景花园和高品质的居住设施。在创造围合和掩避公共空间这样一个城市环境方面是一次有益的尝试(图7.33和图7.34)。相形之下，Alban Gate只是一座孤芳自赏的巨型建筑，依靠它的三维造型特征来取得一定的效果，而没有创造出重要的公共空间。简言之，Barbican是一个城市设计作品，而Alban Gate则不是。这个工程清楚地显示出建筑师在城市设计层面操作时所面临的两难局面。市场的商业压力和有时看起来与市场作用同流合污的建筑职业共同导致了功能单一的、孤立的城市建筑，并在牺牲公共空间的情况下追求建筑面积最大化。建筑师的角色，如果他或她承认，不过是为建筑体披上一件风格最为时尚的外衣。20世纪50年代和60年代的总体规划确实

图 7.31 和图 7.32　Alban Gate，伦敦

7.31　　　　　　　　7.32

7.33

7.34

导致了城市改造项目的乏味和沉闷,不过,这些规划也提供了将城市设计与街区相结合的机会,应当承认的是,这种结合极少被采纳。

HORSELYDOWN广场:朱利安·威克姆

朱利安·威克姆设计的Horselydown广场始建于1987年,地块距离塔桥很近(图7.35和图7.36)。这个工程是将居住、商业和零售空间结合在一起的综合项目。按照格兰斯的说法,该项目令人愉悦,但"受建筑时尚主流的影响很小"(格兰斯,1989)。这个项目占据了一个城市街区,为此创造出宜人的、围合的和保护性的庭院,这是存在于周围繁忙、喧闹的街道中的一个静谧所在。街区由五层和六层建筑组成,屋顶轮廓线活泼而极富装饰性,正

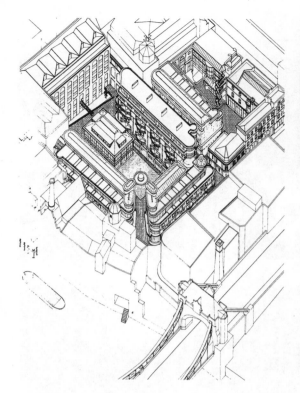

7.35

7.36a

7.36b

7.36c

图 7.35　Horselydown 广场（格兰
　　　　斯，1989)
图 7.36(a) 和 (b)　Horselydown 广场

好配合它所处的滨河位置。也许是因为Horselydown广场未受流行建筑时尚的影响,它的开发在形式上和功能上,浓缩了许多繁忙的城市街区在可持续发展方面所期望达到的原则。

INLAND REVENUE BUILDING,
诺丁汉:理查德·罗杰斯

这不是一个地块上简简单单的一个单栋建筑——罗杰斯把基地规划成一组被街道围绕的岛状街区(图7.37至图7.39)。这是他在项目方案竞赛中的中选方案。项目所在地原本是一片废弃的、未充分利用的土地。罗杰斯是这样描述他的方案的:

7.37

7.38

图 7.37 至图 7.39 Inland Revenue Building,诺丁汉

7.39

"我们着手调研所有在实践中可以应用的方法,以求创造出一种柔和的环境气氛。同城市开发项目常常碰到的情况一样,基地两侧空气污染、环境喧闹。但有一侧临近一条安静的河道。我们把建筑推到道路边缘,而在河道旁开放地建设了一个公共

花园。由于不可能在所有立面上开窗，所以我们把建筑分为两部分——基本的行政管理部门放在后面，社交功能和公共设施围绕新的花园放置。在两部分建筑之间，我们做了一个中央景观庭院，类似一个小的溪地。两列建筑围绕着这柔和、曲线型的景观庭院，并通过玻璃天桥相连"(罗杰斯，1995b)。

在这个项目里，街道两侧种植着树木，在炎炎夏日可以起到保护和遮阴作用，同时有助于净化诺丁汉这一区域的空气。工程采用的建筑处理手法是将大的体块分解为细长条，使得房间里大部分人都能靠近一扇窗户，这样就可以减少人工照明，同时使人们能够看到景观庭院的优美景色。同样坐落在工业用地而非绿色用地上的诺丁汉的Inland Revenue Building，仍采用了许多革新措施以减少建筑运行中的能源消耗。作为城市设计的项目，该建筑赋予河道以生气，同时在组织方式上，将整个项目分为一系列半独立的单元体，从而能够把整个设施分解为一个个小尺度的建筑。不过，作为单一用途的大型建设项目，此工程在上班时间之外仍然是一片死寂，对复兴城市中心的建筑作用甚微。或许发展商在着手建设河道上这座享有很高声望的建筑之前，就应当考虑到对一些闲置的办公空间做功能转换。尽管有这些批评，诺丁汉的Inland Revenue Building仍然是一个伟大的建筑作品，它使参观者感到欣喜，特别是从河道上看时，这种感觉更加强烈。作为一个大雇主，Inland Revenue Building将为这个城市带来额外的商机，可能会因此刺激市中心破旧的物业进行新一轮改造。

公寓街区，克罗伊茨贝格区，柏林

克罗伊茨贝格区这个地方离柏林墙很近，由高密度城市居住建筑组成。四层和五层的公寓大楼沿地块周边布置，下设商店。另外，在庭院四周还聚集着一些公寓、车间和小型企业。作为欧洲大城市市中心的典型，这一地区的情况日渐恶化，重新进行建设的时机已经成熟。多年以来，人们始终把注意力放在拆毁旧建筑，然后在清除好的基地上重新开始建设，这也是20世纪50年代和60年代大多数欧洲城市当局对衰退所采取的典型应对措施。后来，在政策逆转的情况下以及在居民们的支持下，最后决定在不破坏现有社区的条件下，对该地区重新进行修复。经过重整，建筑的结构更加合理可靠，增强了防风雨和保温隔热性能，并通过增设盥洗室和厨房提高了居住等级。设备的改造还节省了能源："……因为公寓楼导致热损失的外表面积相对较小"(Vale and Vale，1991)。

在这一项目中，有一个街区是作为一个生态示范作品进行设计的，因此显得特别有意思。在这个街区里，安装了太阳能装置，废水利用隔片挡水板的底部进行过滤,同时还引入了节约用水的措施。在公寓和其他建筑推倒的地方,还加强了绿化的栽植。在居民们的积极参与下,克罗伊茨贝格区的修复为市中心区的可持续整治树立了一种模式和典范,而其中的街区建筑处理手法尤其令人感兴趣: 这种开发模式已经被证明是城市更新的一种有效手段(图7.40)。

图7.40(a)、(b)和(c) 103号街坊,
克罗伊茨贝格区,柏林
(摄影:琼·格里纳韦)

7.40a

7.40b

7.40c

柏林行政中心:利昂和罗布·克里尔

利昂和罗布·克里尔把像柏林行政中心这样的一个项目不仅看作是形成政府行政管理区的一个最佳时机,而且是还把它视为将这类功能与城市肌理的其他各种功能结构进行整合的一个可能和希望:"在整个新的行政管理区内,有超过100000平方米的3~4层高、底层为商业的居住建筑散布其中,形成一个棋盘式布局。中心的标志性建筑,国会(老的国会大厦)、联邦议院和总理公署集中围绕着一个巨大的人工湖,形成柏林最大的公共空间"(克里尔和克里尔,1993)。这一项目清楚地表达了利昂和罗布·克里尔的设计思想,同时也是当前城市设计理论的主流。正如他们在桑·塞巴斯蒂安为文塔·贝里所做的新区项目那样,这种把各种功能的建筑沿周边布置、高度适中的街区布局方式是许多城市规划专家所提倡的城市开发典型模式(图7.41和图7.42)。

7.41

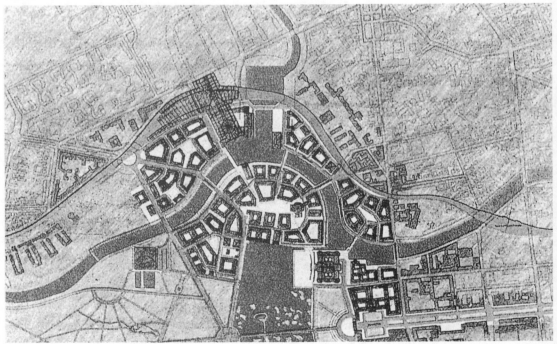

7.42

图 7.41　柏林行政中心（建筑设计，1993）
图 7.42　柏林行政中心（建筑设计，1993）

图 7.43(a) 和 (b)　桑·塞巴斯蒂安的文塔－贝里新区

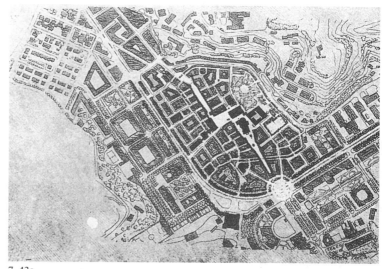

7.43a

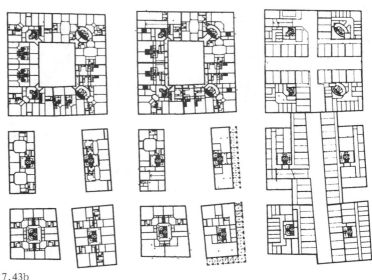

7.43b

POTSDAMER广场——LEIPZIGER广场:希尔默和萨特勒

　　波茨坦广场周边地带的规划是一次设计竞赛的主题。该地区在第二次世界大战期间遭到了严重的破坏,到1991年举行设计竞赛时,已经成为了一大片空地。开发的目的旨在恢复地区活力,使之再次成为繁忙城市的一个组成部分。该地区规划设计了多种使用功能,包括办公、旅馆、商店、餐厅和住宅。希尔默和萨特勒的规划结合开发密度要求和35米的整体建筑高度,划定了公共空间、广场、街道和林荫大道的范围。方案处理大面积开发时考虑的是:"我们的概念……不是基于全球普遍接受的把高层建筑聚合在城市核心的美国模式,而是紧凑的复合空间形式的欧洲城市理念。我们认为,城市生活不应只存在于像玻璃覆盖的中庭和巨型结构那样的大尺度建筑综合体内，而应在广场、林荫大道、公园和街道上"(萨特勒，1993)。尽管设计参考的是紧凑的复合的欧洲城市，但图纸表达的却是一个个建筑实体沿宽阔街道成排布置的街区景象。理查德·里德在同萨特勒的讨论中明确表达了这一观点："当我看到你那些城市街区的规划，特别是图纸时，我觉得它们形成的是脱离主要城市网格的一系列自我封闭的空间。从这个意义上讲，它们看起来更像是美国模式而非欧洲模式"(建筑设计，1993)。而像柏林波茨坦广场地区这个项目的形式及其压倒性的尺度，很难在利昂和克里尔为柏林所作的其他工程中找到一丝痕迹(图7.44和图7.45)。

城市的主要装饰性元素是街道与广场(西特，1901)。然而，

图7.44 和图7.45　希尔默和萨特勒设计的波茨坦广场(建筑设计，1993)

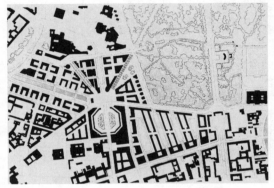

7.44

7.45

结论

是街区或建筑群形成了公共空间的边界。街区同时又是街道外部世界与庭院内部生活以及和它的周边建筑之间的分界面。很明显，周边式布局是把建筑作为公共界面以及在街区内部所进行的非公共活动之间的过滤器的最有效方式。人们普遍认同，多种功能相结合的街区可以塑造更有活力和趣味的城市。同样被广泛接受的是，为了使城市区域获得最大的"穿透性"，街区在合理的情况下应尽可能的小。另一种相反的观点则认为街区应当足够大，以适应大型独立项目的操作(布吕热，1992)。不过，应该看到，即使只有一家大型的使用者，如诺丁汉的Inland Revenue Building，也可以容纳在许多小的街区内。并使得Inland Revenue Building最终成为城市建筑和高品质运河景观的一个佳作。

在有关可持续发展的争论当中，我们得出的结论支持这样的发展理念，即包括多种和谐共存的功能和用地、2～4层周边发展的小规模城市街区。这种可持续的发展模式也为开发富有活力的、人性化尺度的、亲切的城市提供了一个基本框架，那就是，采用通常与传统欧洲城市形态相一致的尺度和规模(克里尔，L.，1984)。

第八章 结 论

引 言

　　目前存在着一种危险的认识和做法,即将可持续发展认为是
解决所有人类问题万能的灵丹妙药,这将使可持续发展退化成
一个毫无意义的"词藻"。如果将可持续发展运动追求与自然相
协调的环境质量发展目标视为"昨日长发展期望",那将是很遗
憾的事。华丽的观点和言之凿凿的花言巧语是不够的。前面的章
节里已经展示了许多国家及国际的文献,这些文献界定了实现
可持续发展的特定的必要条件。同样,在地方层面也有许多可持
续发展的成功经验,既有土地利用和交通规划方面的,也有建筑
和建成环境方面的。因此,很显然必须要为可持续发展制定一系
列有效和易于实施的方法和策略。这些方法和策略的成效应该
是可以很快表现出来和可以量化的。本章将集中研究可以立刻
达到更可持续城市环境的可操作措施,同时还将概括出一些有
益于城市设计进程的概念。

　　可持续发展关注在全球生态系统承载能力内人类生活质量
的改善。对于关心城市设计的人来说,与城市及其区域有关概念
的涵义和应用非常重要。没有任何一个城市、区域甚至国家能够
在经济、社会和环境方面可以达到完全的自给自足。然而,可持
续发展确实暗指着要在所有这些层面都实现既不输出污染、也
不进口资源的目标,可是,这种做法却会反过来影响全球的生态
系统或对其他地区的可持续发展带来负面影响。地方的可持续
发展关注当地社区生活质量的改善,以及当地环境承载能力下
的适宜的生存空间。因而,其发展目标是实现高度的地方自给自
足。如果规划单元是诸如河流流域地区这样的自然领域,那可持
续规划就非常容易展开了。而如果规划单元过大,那规划将会远
离人们的生活尺度;如果规划单元过小,那规划将不能对所有相
关因素都进行协调和影响。对于许多影响地方可持续性的决策
来说,城市及其区域似乎是天然的规划单元。例如,可持续的交
通最适宜在"工作出行"的区域内进行规划。同样,废物处理也应
该在地方城市区域的尺度中得到最有效率的组织:

这也是协调许多自相矛盾需求的最合适层面。风车可能对景观有干扰,针叶树林和短期轮种的矮林比传统的混合林更适合作为薪炭林;占用绿化带建房通常比远离绿化带建房要少产生额外的交通……公众很少会对这类问题意见一致……可持续发展是一个社会目标,而只有通过咨询、责任分享和合作的过程才能实现。民主选举的地方政府和规划体系是一种手段,并通过这个手段来公开和民主地进行选择和决策。(地方政府管理委员会,1993)

行政架构

可持续发展的一个关键概念是参与。对市民来说,参与不是一种姿态、操作方法或表面文章,我们必须对政府架构进行重组使其行政过程自身更加富有参与性。我们目前的行政架构强调由被选举代表和被授权人进行决策。在欧洲有关"辅佐"的著述有很多,与此同时在英国,地方权力正在削弱,决策权集中到中央或被授权给未经过选举的半官方机构。因此,对于组织可持续发展中的公众参与来说,某些形式的区域政府是必需的。最适合实现可持续发展的区域政府的准确种类还不清楚,尚有许多讨论的空间。但城市及其区域腹地很值得推崇,不过关于对它的倾向也有着激烈的争论,虽然英国进行了划分,特别是分为少数几个"自然的"生态和文化区域,但同样具有吸引力。以城市区域作为基本地方选举机构的体制,为英国大约12个主要文化区的区域委员会所支持,也许是一个能为这个国家所接受的妥协方案。苏格兰、威尔士和北爱尔兰可能会在将来拥有自己的立法机构。在城市以下的层次,也有必要设置一个由选举产生的、拥有有限权力的机构,这些机构特别要关注对当地可持续发展有影响的问题。而对于城市政策制定方面的公众参与,城市地区这个层次是最合适的(芒福汀,1992)。

交通——土地利用的结合

影响社会向可持续方向发展转变速度的一个关键变量是城市内部及其区域内所运行的交通体制。非常明显的是,城市形态有一种建立在小汽车基础上的强烈的分散化趋势。生活方式的压力、文化的偏爱以及主动和有说服力的市场也强化了这种趋势。"可持续性"的词藻虽然非常强烈,但直到最近可持续发展在交通领域的实践才得到了扭转。然而,英国的可持续发展运动已经出现了良好的势头。自1993年《地方21世纪议程》在英国开始启动后,英国政府还制定了《可持续发展:英国策略》(环境部,1994d)。这种积极性促使了地方政府去寻求可持续发展政策设计方面的舆论支持。在所有最近的进展中,最有希望的是《环境污染皇家委员会报告》,它提出了强硬的污染目标,其中明晰和精确的结论是道路规划的程序应当明确出"最可行的环境选择"。该报告还提出了影响深远的交通部重组建议,"从部级层次向下,要反映可持续交通政策所参与的不同渠道"(环境污染皇家委员会,1994)。报告还建议包括干道在内的所有的道路建设项目,应当进行环境评估。皇家委员会的建议早已影响了政策的制定。SACTRA(干道评估咨询委员会)正在重新审议和评估道路的建设计划,包括支路计划。尽管这是一个成本节约的简单工作,但它体现了公共道路政策的一个重大转变以及对可持续发展重要性的重新认识。

最令人鼓舞的是,可持续发展的概念纳入了环境部编制的《规划政策指引注释》中。其中特别重要的是第6页、第12页和第13页。第6页的"镇中心和零售业发展"(环境部,1993c)目前正在修订。1995年7月的草案修订稿强调了城镇中心活力和生存力的重要性。根据第6页,政府的目标之一是:"最大限度地让购物者以及镇中心的其他使用者们使用公共交通而不是小汽车"。草案第6页明确提出:"无论在哪,城镇中心都应是吸引出行的首选发展区位",草案还进一步建议地方当局应当采取政策将主要的出行发生点布置在现有的中心区;强化现有中心区;维持和增加人们进出中心区时对步行、自行车以及公共交通的选择;确保为购物和休闲合理供应有吸引力的、便捷和安全的泊车位,但要把商业泊车位限制在一个只满足城镇中心功能所必需的范围内。第12页(环境部,1992c)要求地方当局采取"规划导向"发展程序,从全球和地方两方面考虑环境的所有方面内容。第13页的"交通"(环境部,1994c),将对污染和全球气候的关心转化为对土地利用及交通规划的实际建议。来自环境部的建议唤起了在规划查询、上诉和发展控制决策方面给予可持续性论点更多关注的希望。例如,第13页建议地方规划当局仔细考虑:"所有新的开发项目导致的出行需求所造成的影响,在颁布规划许可之前。在规划方案中,为了减少交通出行需求而设计的,并经过充分考虑的布局策略,可能会由于发展控制决策无法体现这些策略而使其实施效果遭到削弱。"进而,第13页建议地方当局在工业和商业的结构规划政策中:"将交通发生量大的土地用途(如办公)的发展集中在具有或很可能有良好的公共交通服务的城市区位"。来自环境部的建议显然是向着可持续性未来的规划方向进展。

只有在交通领域,规划体制才能对可持续性产生最大的影响。交通和土地利用模式紧密相联,同时在这个领域规划的作用最重要。规划对城市形态可以产生很大的影响,这种影响可能是刺激的或限制性的和逆向的。显然那些对城市设计各方面有兴趣的人应该确保在规划体制中考虑可持续城市设计的原则。规划体制正在经历一个重大和众所欢迎的变革。城市设计师的观点应当处在变革的核心，以在强有力的政治声音以及对道路交通工业无能和近视的观点之间进行平衡。

在过去数十年间，机动车出行的距离趋向于越来越远。这既是因为较低的燃油成本，也是因为土地利用模式的改变和道路基础设施的发展。因此，要消除这种局面，规划政策应当尽可能地避免道路投资、支持强调非机动出行和公交长距离出行的土地利用政策。要实现这些目标，规划政策应当使城市或地区内的工作、服务和设施方面的自给自足最大化；规划密集型而不是松散型的城市；规划较高的密度；沿公共交通走廊进行开发；发展具有充沛活力的中心区。

城市中的大多数出行仍然是短途出行，步行是其主要的出行方式，自行车有着极大的发展潜力，但由于缺乏安全的行车线路，因此在许多城市是被禁的。城市规划应当在减少长途出行需求的同时，致力于增加步行和自行车的使用，并将其作为城市运输的一种方式。从实际操作的观点看，以上这一政策意味着将学校、商店、健康设施和就业单位尽量靠近住宅布置，也就是，设置在居住区500米服务半径的中心。要实现这一规划目标，首先要在中心区和居住区实现步行优先，包括发展安全和有吸引力的步行优先线路。建设类似的有效的自行车道，就像在诺丁汉部分地区中一样，同样也是环境规划的一个必须实现的目标。既定的政策是，开发的平均住宅净密度为每公顷100人或每公顷45～50栋住宅，建筑沿1英亩至1公顷大小的街区周边布置，形成明晰和具有渗透性的街道和道路体系。混合的土地利用模式的城区比一个细分为单用途大区域的城区更可以形成一个安全的、有活力的和更可持续的城市。步行区或社区的核心应当为社区日常生活所需要的服务设施组成的中心。

要实现公交、步行和自行车优先的节能的城市交通运输系统，最终取决于对现有经济发展和生活方式的扭转。尤其意味着对公共交通更广泛的接受以及对长期深受英国人民所喜爱的机动车的抵制。对城市形态来说，这意味着沿公共交通轴线集中发展，并在类似于索里亚·玛塔所提出的适宜城市重建的思想的基础上，开发高密度的郊区。它还意味着加速公交换乘点地区的发展，鼓励使用步行和自行车与换乘点衔接，而不是在换乘点建设停车场等提高小汽车利用的设施。关于限制小汽车的另一个有意思的想法是在阿姆斯特丹提出的。1991年阿姆斯特丹的规划思路发生了变化，其后就坚持在现状城市建成区内或周边地区进行新的高密度城市开发，以减少机动交通的需求，其目标为密集发展的城市。这种新的开发姿态还包括根据开发项目对机动交通的需求和项目可达性的特点,对所有计划的开发项目和重建项目进行划分。这一策略是专门为城区以及办公、商业、设施、娱乐、文化、教育和健康等主要出行发生点的选址而设计的。随后,开发项目才能在合适的地点展开。选址的过程既考虑了区位通达性的一面,又考虑了发展机动性的一面。而规划过程的目的则在于在满足发展需求的同时,还要与地段的区位特性相匹配。现状和未来的城市用地可分为以下三种类型:

- A类用地的交通服务主要为公共交通,以一个主要的火车站为中心,并通过频繁的城际交通设施与其他城镇联系。通过采取严格的停车标准,使不超过10%～20%的通勤者采用小汽车的出行方式。对步行者、骑自行车的人、残疾人士以及有特殊需要的人士来说,该类区域应是舒适和易于使用的,同时它还应当具有其他公共交通方式的完善服务。
- B类用地具有相当完善的公共交通服务,并具有道路和高速公路的互通式立交而带来的良好可达性。该类区域可能以一个郊区火车站、主要的地铁站、Sneltram(轻轨)的站点或小镇上公共汽车的枢纽为中心。停车位的限制主要针对商务活动,以使商务活动对小汽车的依赖性比较适度。
- C类用地靠近高速公路的互通式立交,没有对公共运输的需要和规划,但鼓励类似于通勤汽车合用等的集体交通。该类用地适于就业密度低,但依赖于公路货运的商业和其他用途。

对于阿姆斯特丹试图在对机动需求进行理性分析的基础上来配置整个城区活动的目的,以及对于他们完全的公交优先的方式,他们所采取的这些政策是非常重要的。

关于何种城市形态最能促进可持续的发展,存在着两个广泛的观点。不过这两种观点都强调高密度的城市发展,他们认为,高密度的发展鼓励和支持步行、自行车和公共交通系统的使用。高密度往往伴随着联排式的开发模式以及节能建筑的建设,并在污水、排水和供水干管等市政设施的提供方面具有经济性。高密度发展在集中供热和发电上还具有优势。同时,高密度的城市发展经常伴随着类似威尼斯、佛罗伦萨和蒙蒂普尔查诺等中世纪欧洲城市丰富的城镇景观。可持续城市形态的高密度发展模式所承传这些特点赋予了它突出的美学表现力。这种可持续发展的模式,正在拥有漫长而卓著的文化历史的欧洲大陆上被强烈地倡导。而在英国,有部分人强调田园城市或田园郊区形态的发展。这些人指出低密度的发展模式在家庭的太阳能供暖以及通过大菜园和小菜地循环利用家庭废物等方面具有优势。而第

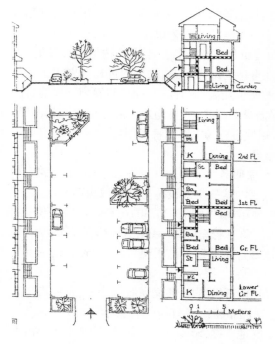

图 8.1 四层的开发模式（舍洛克，1990，自埃尔金等，1991）

三种折中的解决方案旨在将所有思想流派的优点结合起来，既具有良好的可达性，又不造成城镇的拥塞。该方案建议在一些特定的街区采取高净密度的开发模式，但整体上的毛密度相对较低，以确保安置邻里公园、小菜地、防护林和野生动物保护区等设施。建议开发的净密度为每公顷100人（巴顿等，1995）。埃尔金等（1991a）（图8.1）所提出的四层开发模式就适宜每公顷100人或再高些的开发密度。尽管这一模式也许是适于可持续城市的建筑形态，并可以形成良好的城市景观，但却与英国人对在树叶茂盛的郊区兴建的独立式或双连式住宅的偏好有所背离。可持续的城市规划，必须与大部分城镇庞大的郊区蔓延发展模式相协调，这种发展模式还将存在数十年。同时，可持续发展的城市规划还应当有助于培育下一代对住宅的倾向性。但在这个国家中，如果考虑到英国人的观念，那么任何推进高净密度发展的努力都会有所放缓。

城市及周边地区公共绿地的重要性有几个方面的原因。这些原因包括：土壤及其植被有作为碳吸收器的功能；树木有作为"空气清新器"而吸收一些特殊污染的功能；绿化区有作为动植物保护区以及保持生物多样性的功能。除了这些环保方面的功效，绿化区还为城市提供了娱乐的场所、食物的供应以及经济性树木的收益等内容。保护郊区与农村、提升城市及周边地区景观质量的原因则非常众多。对自然景观的呵护所带来的副产品（又一好处？）就是自然景观能为市民带来巨大的美学快感。由于景观资源给人类带来的巨大收益，因此，对城市及周边地区景观资源的保护将无任何疑义，正如埃尔金等（1995）所指出的："自然保护在原则上并没有异议，但在现实中，当'平衡'与发展的需求相对立，自然保护就会被放在了一边。可持续发展更多地考虑了环境资本的内在价值，并要求任何开发设想，一旦证明该设想在满足人类实际需求方面是合理的，就必须尊重自然的环境，并将自然环境作为开发项目必须适应的背景来看待。"

星形的城市形态适于小型到中型城市的空间组织（布卢门菲尔德，1949），它为城区的核心区和郊区通过沿公共交通主干发展的高密度城市走廊和连绵的城市景观要素交织相连，提供了一个发展的前景。绿色走廊使得野生动物可以在城市内迁徙，而且如果绿色走廊由本土植物所组成，还可以为多种多样的动植物提供丰富的栖息地。有部分城市，例如莱斯特，就发展了绿色走廊这一想法,既保护了生物多样性,还为镇、乡之间提供了延续性的感觉。城市景观规划的另一特性是为管理地区的生态权益而保护大型的生态保护区。在那些无法将保护区和其他景观要素融入绿色走廊的地区,小规模的植被也可以为野生动物提供藏身之地,包括由后花园、生态建筑的立面以及屋顶花园等所组成的私人绿地网络为小动物提供了栖身的场所。

　　地区是城市设计的主要内容。同时,它还是可持续发展的基础,尤其把建筑特征的同质区域与作为城市行政单元的地区这一概念相连的时候。有效的可持续发展与公众参与决策和为环境负责相关。例如,"从全球出发,从本地做起"的口号就与地方21世纪议程运动相关,该运动劝诫人们去关注他们所直接面对的环境。建立在公众参与基础上的地方行动需要一个法定化的行政架构以及一个民众或权力的基层,而这一架构和基层要大到足以挑战城市当局的意见,同时也要小到能够激起高度的公众参与。一个地区的人口规模部分取决于占地的规模和开发的密度。大家越来越认为应当限制地区的规模,其规模由地区周边到中心的适宜步行距离所决定,距离最大约为半英里。对于一个地区来说,并没有什么绝对或正确的人口规模。不过,却有许多不同于雅各布斯的想法,雅各布斯曾建议20世纪50年代的英国新城的人口规模为10万人,而邻里的规模为5000人。同时,一个地区的尺度可能会根据城市的尺度、可接受的地段开发密度或城市社区的大众文化的情况而有所不同。但是,大部分城市还是细分出了一些传统地区,这些地区为城市居民所熟知和认同。应当以这些传统地区作为起点,来界定为实现公众参与而设置的行政单元。比尺度更为重要的是对选举产生的机构所授予的政治权力。行政机构的缺乏是对可持续发展地方参与的地区设置目标的删减和削弱。在这种情形下,地区就不仅仅是在缺乏社会的存在目的或理由的情况下,去开发一个具有与众不同的视觉识别性区域的手段。莱斯特在可持续发展领域具有优良的传统,对环境问题有着敏锐的处理手法,似乎就是采取这种方式来界定城市中心的地区(莱斯特城市议会,1995)。

　　1英亩或1公顷大小的街区,3～4层的周边式开发似乎成为城市的基本形态,并为设计师们日渐推崇。同样,城市群屋的这种形态如果采取混合利用的形式,那么在可持续发展方面也有其优势。在城市中心区,当重建活动导致对传统城市原有良好的城市肌理造成破坏时,会形成大型的街区。大型的街区为单一用途,往往在产权上也是单一的,由此对城市的活力和生命力造成了破坏,特别是它们所占据的地区如果在夜晚或周末的时候,都是死气沉沉的话。因此,阻止和扭转这一进程就成为为什么要将小规模的群屋或街区作为当前设计的主要任务的原因。当街区的主要设计用途为居住时,物业的后半部分可以朝向一个室外的半私密空间,"一个小规模的室外空间就可以和每个居住组团相连,用于各种共享的活动用途。……与小的居住组团直接相连的开敞空间的分布方式,比单一的大规模的公共绿地是对空间的更经济的利用,质量更高、更易于维护"(巴顿等,1995)。由昂温设计的莱奇沃思就是小规模居住组团布局方式的成功范例。住宅沿街区周边布置,每家拥有独立花园,有时在院子里还有一个公共的花园或小菜地(图7.26和图7.27)。中世纪欧洲城镇的传统形态有许多是昂温著述的基础,而这些形态今天仍然是构筑一个满足可持续城市需要的群屋形态的基础。

8.2

图 8.2 至图 8.4 Weobley

8.4

8.3

图 8.5　Weobley，新的物业，是
　　　　得体的建筑设计，还是
　　　　模仿的作品？是可持续
　　　　发展，还是富裕阶层昂
　　　　贵的建筑构造？
图 8.6 和图 8.7　爱尔兰的自助
　　　　度假住所

8.5

8.6

8.7

关于建筑的能源使用有两种类型(Vale and Vale,1993)。第一种类型是建筑建造过程中的能源使用,这部分成为建筑的能源资本,类似于物业的资本价值。第二种类型是建筑保养、运作和维护过程中的能源消耗或能源使用。在任何关于建筑拆除、重建或整修的决策中,应当对每一方案的两种类型的能源消耗情况进行评估。同时,在理论上,最后的决策应当倾向于在能源消耗上,尤其是在不可再生能源的消耗上最为经济的发展模式。

以下是一些设计的原则,有助于实现这种微妙的平衡,并有助于实现建筑的节约能源。关于可持续建筑的第一个原则是要倾向于保护建筑以及发挥建筑对新用途的适应性。对这一原则的拓展就是要极力主张对建筑材料的循环再利用,并作为新建筑和新设施的建造材料,反对使用直接从工厂或采石场获得的新材料。第二个原则要求使用当地地区性的建筑材料,尤其是那种在制造、运输和建造过程中能耗低的材料。例如,在Weobley,新的建筑开发都认真地采用了地方材料来制作,采用的也是当地的结构体系。Weobley是一个中世纪半木结构村庄的优秀代表,结构比较脆弱,但这些新房子的造价可能会超过大部分村民的收入。关于新近的建筑中使用传统材料的另外一个例子是许多爱尔兰小镇都有的可爱的茅顶小屋群,这些小屋还提供自助的度假住所。(图8.2至图8.7)第三个原则就是要避免使用对环境造成危害的材料,例如会对热带雨林造成破坏或给自然景观留下创伤的材料。第四个原则是要将建筑与当地的环境特别是当地的气候联系起来,例如,在寒冷的气候中,要保证有效的建筑保温隔热性能;尽可能减少外墙的面积;建筑朝向太阳;合理组织室内,为寒冷的北立面提供一个缓冲空间,并在朝阳的南面建设温室。第五个原则是要设计坚固并具有灵活性的建筑,并能经得住时间的考验。建筑的设计应当可以容纳多种的使用功能,平面布置可以适应建筑使用期限内不同使用功能的需要。最后,新建的建筑应当位于公共交通的路线上,并与城市的其他设施紧密相连。无论如何,建筑应当尽可能在城市的建成区上建设,即应当融入街区的建设中,采用周边的开发模式来完善街区的景观,建筑的高度应为3~4层并且不设电梯。

可持续发展的需求已经密切反映在城市设计领域中目前的纲领中。而对现代建筑和现代城市规划的反思引发了对欧洲传统城市及其城市形态的重新评价。对城市设计师而言,他们在城市空间形态、市区活力和特性、都市氛围等方面所急需实现的目标,可以和尊重传统以及注重人文尺度的开发等,统统归结到可持续发展的计划中来。可持续发展和后现代城市设计这两项运动是相辅相成的。后现代城市设计给可持续发展提供了理论体系的组合模式,反过来,可持续发展理论为后现代城市设计理论提供了功能上的合理性。如果没有合理的功能,并将功能要素贯彻到城市设计的整个过程中,后现代城市设计将演化成为另一门深奥的美学流派。城市设计学科的基础根植于社会的需求,而当代社会目前正面临全球范围环境危机的处境,并正在向环境危机对全球城市造成的影响妥协。

参考书目

Abercrombie, P. (1945) *Greater London Plan*, London: HMSO.

Alberti, L.B. (1955) *Ten Books on Architecture* (trns. Cosimo Bartoli into Italian and James Leoni into English), London: Tiranti.

Alexander, C. (1965) 'A City is not a Tree', *Architectural Forum*, April pp. 58-62, May pp. 58-61.

Alexander, C. (1979) *The Oregon Experiment*, Oxford: Oxford University Press.

Alexander, C. (1979) *A Timeless Way of Building*, New York:Oxford University Press.

Alexander, C. *et al.* (1977) *A Pattern Language*, New York:Oxford University Press.

Alexander, C. *et al.* (1987) *A New Theory of Urban Design*,Oxford: Oxford University Press.

Amourgis, S. (ed.)(1991) *Critical Regionalism*, California: University of Pomona.

Architectural Design(1993) *New Practice in Urban Design*, London: Academy Editions.

Aristotle(1981)*The Politics* (trans. T.A. Sinclair, revised by T.J. Saunders), Harmondsworth: Penguin.

Barton, H. *et al.* (1995) *Sustainable Settlements*, Luton: L.G.M.B.

Bennett, H. *et al.* (1961) *The Planning of a New Town*, London: HMSO.

Bentley, I. *et al.* (1985) *Responsive Environments*, Oxford: Butterworths.

Beresford, M. (1967) *New Towns of the Middle Ages*, London: Lutterworth Press.

Blowers, A. (ed.)(1993) *Planning for a Sustainable Environment*, London: Earthscan.

Blumenfeld, H. (1949) 'Theory of City Form: Past and Present', *Journal of the Society of Architectural Historians*, Vol. 8, July.

Boyd, A. (1962) *Chinese Architecture and Town Planning*, London: Tiranti.

Boyd, C. et al. (1945) *Homes for the People*, London: HMSO.

Breheny, M. and Rookwood, R. (1993) 'Planning the Sustainable Region', *in Planning for a Sustainable Environment*, ed. A. Blowers, London: Earthscan.

Bruges, J. (1992) 'Changing Attitudes to the City', *Urban Design Quarterly*, July, Issue 43, pp. 23-5.

Buchanan, C.D. (1963) *Traffic in Towns*, London: HMSO.

Buchanan, C.D. (1963) *Traffic in Towns: The Specially Shortened edition of the Buchanan Report*, Harmondsworth: Penguin.

Buchanan, C.D. *et al.* (1966) *South Hampshire Study*, London: HMSO.

Calthorpe, P. (1993) *The Next American Metropolis*, New York: Princetown Architectural Press.

Camblin, G. (1951) *The Town in Ulster*, Belfast: Mullan.

Capra, F. (1985) *The Turning Point*, London: Flamingo.

Carpenter, R. (1970) *The Architects of the Parthenon*, Harmondsworth: Penguin.

Carson, R. (1962) *Silent Spring*, Harmondsworth: Penguin.

Chadwick, G.F. (1966) 'A Systems View of Planning', *Journal of the Town Planning Institute*, Vol. 52, pp. 184-6.

Christaller, W. (1933) *Die zentrallen Orte in Suddeutschland*, Jena: Gustav Fischer.

Christaller, W. (1966) *Central Places in Southern Germany* (trns. C.W. Baskin), Englewood Cliffs, New Jersey: Prentice Hall.

Clifton-Taylor, A.(1972) *The Pattern of English Building*, London: Faber and Faber.

Colvin, B. (1948) *Land and Landscape*, London: John Murray

Commission of the European Communities (1990) *Green Paper on the Urban Environment*, Luxembourg: CEC

Commission of the EC (1992) *Towards Sustainability: A European Community Programme of Policy and Action in relation to the Environment and Sustainable Development*, Official Publication of the EC (Cm (92) 23/11 Final).

Cullen, G. (1961) *Townscape*, London: Architectural Press.

de Bono, E. (1977) *Lateral Thinking*, Harmondsworth: Penguin.

Denyer, G. (1978) *African Traditional Architecture*, London: Heinemann.

Department of the Environment (1969) *Committee on Public Participation: The Skeffington Report*, London: HMSO.

Department of the Environment (1990) *This Common Inheritance, Britain's Environmental Strategy*, CM 1200, London: HMSO.

Department of the Environment (1992a) *Development Plans, A Good Practice Guide*,London: HMSO.

Department of the Environment (1992b) *Planning, Pollution and Waste Management*, London: HMSO.

Department of the Environment (1992c) *Planning Policy Guidance: PPG12, Development Plans and Regional Planning Guidance*, London: HMSO.

Department of the Environment (1993) *Planning Policy Guidance: PPG6,Town Centres and Retail Development (Revised)*, London: HMSO.

Department of the Environment (1993a) *Reducing Transport Emissions Through Planning*, London: HMSO.

Department of the Environment (1993b) *Environmental Appraisal of Development*, London: HMSO.

Department of the Environment (1993c) *Planning Policy Guidance, Town Centres and Retail Developments, PPG6 (Revised)*, London: HMSO.

Department of the Environment (1994a) *Climate Change, The UK Programme*, London: HMSO.

Department of the Environment (1994b) *Biodiversity: The UK Action Plan*, London: HMSO.

Department of the Environment (1994c) *Sustainable Forestry: The UK Programme*, London: HMSO.

Department of the Environment (1994d) *Sustainable Development: The UK Strategy*, London: HMSO.

Department of the Environment (1994e) *Planning Policy Guidance,Transport,PPG13*, London: HMSO.

Dethier,J.(1981) *Down to Earth* (trns.Ruth Eaton),London: Thames and Hudson.

Dobson, A. (1990) *Green Political Thought*, London: Harper Collins Academic.

Dobson, A. (1991) *The Green Reader*, London: Andre Deutsch.

Doxiadis, C.A. (1968) *Ekistics*, London: Hutchinson.

Dutt, B.B. (1952) *Town Planning in Ancient India*, Calcutta: Thacker, Soink.(Reprint 1977, Delhi: Nai Sarak.)

Elkin, T. *et al*. (1991a) *Reviving the City*, London: Friends of the Earth.

Elkin, T., *et al*, (1991b) *Towards Sustainable Urban Development*, London: Friends of the Earth.

European Conference of Ministers of Transport (ECMT)(1993) *Transport Policy and Global Warming*, Paris: OECD.

Fairman, H.W. (1949) 'Town Pharaonic in Pharaonic Egypt', *Town Planning Review, April,* pp. 32-51.

Fawcett, C.B. (1961) *Provinces of England*, revised edition, London: Hutchinson.

Fox, A. and Murrell, R. (1989) *Green Design*, London: Architectural Design and Technology Press.

Frankfort, H. (1954) *The Art and Architecture of the Ancient Orient*, Harmondsworth: Penguin.

Futagawa, Y. (ed)(1974) *Le Corbusier-Chandigarh, the New Capital of Punjab, India 1951*, Tokyo: A.D.A Edita.

Geddes, P. (1949) *Cities in Evolution*, London: Williams and Norgate.

Ghazi, P. (1995) 'Motorists to Face Blitz on Pollution', *The Observer*, 12 February, p.2.

Gibberd, F. (1955) *Town Design*, London: Architectural Press.

Gibson, T. (1979) *People Power*, Harmondsworth: Penguin.

Giedion, S. (1954) *Space, Time and Architecture*, 3rd edition, enlarged 1956, Cambridge, Massachusetts: Harvard University Press.

Glancey, J. (1989) *New British Architecture*, London: Thames and Hudson.

Glasson, J. (1978) *An Introduction to Regional Planning*, second edition, London: Hutchinsons.

Gordon, W. J.J. (1961) *Synectics: the Development of Creative Capacity*, New York: Harper Row.

Gosling, D., and Maitland, B. (1984) *Concepts of Urban Design*, London: Academy Editions.

Gropius, W. (1935) *New Architecture and the Bauhaus* (trns. P.M. Shand and F. Pick), London: Faber and Faber.

Guidoni,E.(1975)*Primitive Architecture*,London:Faber and Faber.

HRH The Prince of Wales (1989) *A Vision of Britain*, London: Doubleday.

Hardin, G. (1977) 'The Tragedy of the Commons', in *Managing the Commons*, eds G. Hardin and J. Baden, San Francisco: Freeman and Co..

Harvey, D. (1973) *Social Justice and the City*, London: Edward Arnold.

Herbertson, A.J. (1905) 'The Major Natural Regions',*Geographical Journal*, Vol.25.

Horton, R. (1971) 'Stateless Societies in the History of West Africa,' *History of West Africa, Vol. 1*, ed. J.F.A. Ajayi and M. Crowder, London: Longmans.

Houghton-Evans, W. (1975) *Planning Cities: Legacy and Portent*, London: Lawrence and Wishart.

Howard, E. (1965) *Garden Cities of Tomorrow*, London: Faber and Faber.

Hugo-Brunt, M. (1972) *The History of City Planning*, Montreal: Harvest House.

Irving, R.G. (1981) *Indian Summer*, New Haven: Yale University Press.

Jacobs, J. (1965) *The Death and Life of Great American Cities*, Harmondsworth: Penguin.

Koenigsberger, O.H. *et al*. (1973) *Manual of Tropical Housing, Part 1, Climate Design*, London:Longman.

Kopp,A. (1970)*Town and Revolution* (trns. Burton), London: Thames and Hudson.

Korn, A., and Samuelly, F.J. (1942) 'A Master Plan for London',*Architectural Review*, No 546, June, pp. 143-50.

Krier, R. (1979) *Urban Space*, London: Academy Editions.

Krier, L. (1978) *Rational Architecture*,Brussels. Archives d'Architecture Moderne.

Krier, L. (1984) *Houses, Palaces and Cities*, ed. D. Porphyrios, London: Academy Editions.

Krier,L., and Krier R. (1993) 'Berlin Government Centre', in *Architectural Design, New Practice in Urban Design*, London: Academy Editions.

Le Corbusier (1946) *Towards a New Architecture*, London: Architectural Press.

Le Corbusier (1947) *Concerning Town Planning*, London: Architectural Press.

Le Corbusier (1967) *The Radiant City*, London: Faber and Faber.

Le Corbusier (1971) *The City of Tomorrow*, London: Architectural Press.

Le Courbusier and de Pierrefeu F. (1948) *The Home of Man*, London: The Architectural Press.

Leicester City Council (1989) *Leicester Ecology Strategy, Part One,* Leicester: Leicester City Council.

Leicester City Council (1995) *A City Centre for People (Draft)*, Leicester: Leicester City Council.

Ling, A. (1967) *Runcorn New Town Master Plan*, Runcorn: Runcorn Development Corporation.

Lip, E. (1989) *Feng Shiu for Business*, Singapore: Times Editions.

Llewellyn-Davies, R.(1966) *Washington New Town Master Plan*. Washington: Washington Development Corporation.

Llewellyn-Davies, R. (1970) *The Plan for Milton Keynes*, Bletchley: Milton Keynes Development Corporation.

Lloyd Wright, F. (1957) *A Testament*, New York: Horizon Press.

Lloyd Wright,F.(1958) *The Living City*,New York:Mentor Books.

Local Government Management Board (1993) *A Framework for Local Sustainability*, Luton: LGMB.

Lynch, K. (1960) *The Image of the City*, Cambridge, Massachusetts: MIT Press.

Lynch, K. (1981) *A Theory of Good City Form*, Cambridge, Massachusetts: MIT Press.

March, L. (1974) 'Homes beyond the fringe', in *The Future of Cities*, ed. A. Blowers, London: Hutchinson, pp. 167-78.

Martin, L. (1974) 'The Grid as Generator', in *The Future of Cities*, ed. A. Blowers, London: Hutchinson, pp. 179-89.

Martin, L., and March L., (eds)(1972) *Urban Space and Structures*, London: Cambridge University Press.

Matthew, R. (1967) *Central Lancashire: Study for a City*, London: HMSO.

Macdonald, R. (1989) 'The European Healthy Cities Project', *Urban Design Quarterly*, April, pp. 4-7.

McKei, R. (1974) 'Cellular Renewal', *Town Planning Review*, Vol. 45, pp. 274-90.

McLaughlin, J.B. (1969) *Urban and Regional Planning: A Systems Approach*, London: Faber.

Meadows, D.H., et al. (1972) *The Limits to Growth*, London: Earth Island.

Meadows, D.H., et al. (1992) *Beyond the Limits*, London: Earthscan.

Miliutin, N.A. (1973) *Sotsgorod: The Problem of Building Socialist Cities* , eds G.R. Collins and W. Alex (trns. A Sprague), Cambridge, Massachusetts: MIT Press.

Millon,R. (1973) *Urbanization at Tetihuacan, Mexico,* Austin: University of Texas Press.

Morris, A.E.J. (1972) *History of Urban Form*, London: George Godwin.

Moughtin, J.C. (1985) *Hausa Architecture*, London: Ethnographica.

Moughtin, J.C. (ed.)(1988) *The Work of Z.R. Dmochoski, Nigerian Traditional*

Architecture, London: Ethnographica.

Moughtin, J.C. (1992) *Urban Design: Street and Square*, Oxford: Butterworth.

Moughtin, J.C.Oc, T. and Tiesdell, S.A. (1995) *Urban Design: Ornament and Decoration*, Oxford: Butterworth.

Moughtin, J.C., and Simpson, A (1978) 'Do if yourself planning in Raleigh Street', *New Society*, 19 October, pp. 136-7.

Mumford, L. (1938) *The Culture of Cities*, London: Secker and Warburg,

Mumford,L. (1946a) *City Development*, London: Secker and Warburg.

Mumford, L. (1946b) *Technics and Civilization*, London: George Routledge.

Mumford, L. (1961) *The City in History*, Harmondsworth: Penguin.

Nicolas, G. (1966) 'Essai sur les structures fondamentales de l'espace dans la cosmologie hausa' *Journal de societie des Africanistes*, Vol. 36,pp. 65-107.

Norberg-Schulz, C .(1971) *Existence, Space and Architecture*, London: Studio Vista.

Ons Amsterdam (1973) *Amsterdamse School*, Amsterdam.

Osborn, F.J., and Whittick, A. (1977) *New Towns*, London: Leonard Hill.

Owens, S. (1991) *Energy Concious Planning*, London: CPRE.

Pateman, C.(1970) *Participation and Democratic Theory*, Cambridge: Cambridge University Press.

Pearce, D., *et al*. (1989) *Blueprint for a Green Economy*, London: Earthscan.

Pearce, D., et al. (1993) *Blueprint 3,Measuring Sustainable Development*,London: Earthscan.

Pehnt, W. (1973) *Expressionist Architecture*, London: Thames and Hudson.

Perry, C. (1929) *The Neighbourhood Unit, The Regional Plan of New York and its Environs*, Vol. 7, New York: Regional Plan Association.

Plato (1975) *The Laws* (trns. T.J. Saunders), Harmondsworth: Penguin.

Platt, C. (1976) *The English Medieval Town*, London: Martin Secker and Warburg.

Public Works Department, Amsterdam (1975) *Amsterdam, Planning and Development*, Amsterdam: The Town Planning Section, Public Works Department.

Rogers, R.(1995a) 'Looking Forward to Compact City, Second Reith Lecture,' *The Independent*, 20 February.

Rogers, R. (1995b) 'The Imperfect Form of the New: Third Reith Lecture,' *The Guardian*, 21 February.

Rose, R. (1971) *Governing without Consensus*, London: Faber and Faber.

Rosenau, H. (1974) *The Ideal City*, London: Studio Vista.

Royal Commission on Environmental Pollution (1974) *Fourth Report, Pollution Control, Progress and Problems*, Cmnd 5780, London: HMSO.

Royal Commission on Environmental Pollution (1994) *Eighteenth Report, Transport and the Environment*, Cmnd 2674, London: HMSO.

Rowland, B. (1953) *The Art and Architecture of India*, Harmondsworth: Penguin.

Sanders, W.S. (1905) *Municipalisation by Provinces*, London: Fabian Society.

Sattler, C. (1993) 'Posdamer Platz-Leipziger Platz,' in *Architectural Design, New Practice in Urban Design*, London: Academy Editions, pp. 86-91.

Schumacher, E.F. (1974) *Small is Beautiful*, London: Abacus.

Senior, D. (1965) 'The City Region as an Administrative Unit', *Political Quarterly*, Vol. 36.

Sherlock, H. (1990) *Cities are Good for Us*, London: Transport 2000.

Shukla, D.N. (1960) *Vastu-Sastra: The Hindu Science of Architecture, Vol. 1*, Lucknow: Vastu-Vanmaya-Praksana-Sala.

Sitte, C. (1901) *Der Stadt-bau*, Wien: Carl Graeser.

Spreiregen, P.D. (1965) *Urban Design: The Architecture of Towns and Cities*, New

York: McGraw-Hill.

Stamp, L.D., and Beaver, S.H. (1933) *The British Isles, A Geographic and Economic Survey*, (6th edn 1971), London: Longmans.

Stevenson Smith, W. (1958) *The Art and Architecture of Ancient Egypt*, Harmondsworth: Penguin

Stroud, D. (1950) *Capability Brown*, London: Country Life.

Sturt, A. (1993) 'Putting Broad Accessibility Principles into Planning Practice', *Town and Country Planning* October.

Svensson, O. (1981) *Danish Town Planning: Guide*, Copenhagen: Ministry of the Environment.

Toffler, A. (1973) *Future Shock*, London: Pan Books.

Toffler, A. (1980) *The Third Wave*, London: Collins.

Turner, T. (1992) 'Wilderness and Plenty: Construction and Deconstruction,' *Urban Design Quarterly*, September, Issue 44, pp. 20-1.

United Nations. (1992) *Conference on Environment and Development*, New York: UN.

Unstead, J.F. (1916) 'A Synthetic Method of Determining Geographical Regions', *Geographical Journal*, Vol. 48.

Unstead, J.F. (1935) *The British Isles: Systematic Regional Geography*, (5th edn 1960),London: London University Press.

Unwin, R. (1909) *Town Planning in Practice*, London.

Unwin, R. (1967) 'Nothing to be Gained by Overcrowding', in *The Legacy of Raymond Unwin: A Human Pattern of Planning*, ed. W.L. Crease, Cambridge, Massachusetts: MIT Press.

Vale, B., and Vale R. (1991) *Green Architecture*, London: Thames and Hudson.

Vale, B., and Vale,R. (1993) 'Building the Sustainable Environment', in *Planning for a Sustainable Environment, ed.* A Blowers, London: Earthscan Publications.

Vidal de la Blanche, P. (1931) *Principles of Human Geography*, ed. E. de Martonne (trns. M.T. Bingham), New York: Holt.

Walker, D. (1981) *The Architecture and Planning of Milton Keynes*, London: The Architectural Press.

Webber, M.M. (1964) 'the Urban Place and the Non Place Urban Realm', in *Explorations of Urban Structure*, eds M. Webber et al., London: Oxford University Press.

Wheatley, P. (1971) *The Pivot of the Four Quarters*, Edinburgh: Edinburgh University Press.

Wiebenson, D. (undated) *Tony Garnier: The Cité Industrielle*, London: Studio Vista.

Williams-Ellis, C., et al. (1947) *Building in Cob, Pise, and Stabilized Earth*, London: Country Life Ltd.

Wilson L.H. (1958) *Cumbernauld New Town*, London: HMSO.

Wilson, L.H. (1959) *Cumbernauld New Town, 1st, Addendum Report*,London: HMSO.

Wilson, L.H., et al. (1965) *Report on Northampton, Bedford and North Buckinghamshire Study*, London: HMSO.

World Commission on Environment and Development (1987) *Our Common Future: The Brundtland Report*, Oxford: Oxford University Press.

Wotton, H. (1969) *The Elements of Architecture*, London: Gregg.

插图来源

Table 1.1	World Commission on Environment and Development (1987) *Our Common Future: The Brundtland Report*, Oxford:Oxford University Press.
Tables 2.1 and 2.2	Vale, B. and Vale, R. (1991) *Green Architecture*, London: Thames and Hudson.
Fig. 3.3	Stamp, L.D. and Beaver, S.H. (1933) *The British Isles, A Geographic and Economic Survey* (6th Edn 1971), London: Longmans.
Fig. 3.4	Geddes, P. (1949) *Cities in Evolution*, London: Williams and Norgate.(Drawn by Peter Whitehouse.)
Fig.3.5	Christaller, W. (1966) *Central Places in Southern Germany* (trans. C.W. Baskin), New Jersey: Englewood Cliffs. (Drawn by Peter Whitehouse.)
Fig. 3.6	Blowers, A. (Ed) (1993) *Planning for a Sustainable Environment*, London: Earthscan. (Drawn by Peter Whitehouse.)
Fig. 3.7	Glasson, J. (1978) *An Introduction to Regional Planning* (2nd Edn), London: Hutchinsons, (Drawn by Peter Whitehouse.)
Figs 4.1 and 4.3	Stevenson Smith, W. (1958) *The Art and Architecture of Ancient Egypt*, Harmondsworth: Penguin,
Figs 4.2 and 4.30	Fairman, H.W. (1949) Town Planning in Pharaonic Egypt, *Town Planning Review*, April, pp. 32-51.
Figs 4.4 and 4.5	Frankfort, H. (1954), *The Art and Architecture of the Ancient Orient*, Harmondsworth: Penguin.
Fig. 4.6	Boyd, A. (1962) *Chinese Architecture and Town Planning*, London: Tiranti.
Fig. 4.7	Millon, R. (1973) *Urbanization at Tetihuacan, Mexico*, Austin: University of Texas Press.
Fig. 4.11	Morris, A.E.J. (1972) *History of Urban Form*, London: George Godwin.
Figs 4.12, 5.2, 5.25, 5.39, 5.59 and 6.2	Lynch, K. (1981) *A Theory of Good City Form, Cambridge*, Massachusetts: MIT Press. (Figures 4.12, 5.25, 5.39 and 5.59 drawn by Peter Whitehouse).
Fig. 4.16	Drawn by Peter Whitehouse.
Fig. 4.22	Photograph by Neil Leach.
Fig. 4.24	Drawn by Peter Whitehouse.
Fig. 4.25	Le Corbusier (1967) *The Radiant City*, London: Faber and Faber. (Drawn by Peter Whitehouse.)
Fig. 4.26	Drawn by Peter Whitehouse.
Figs 4.27, 5.4 and 5.5	Wiebenson, D. (undated) *Tony Garnier: The Cite Industrielle*, London: Studio Vista. (Drawn by Peter Whitehouse.)
Fig. 4.29	Le Corbusier (1967) *The Radiant City*, London: Faber and Faber.
Fig. 4.31	Wycherley, R.E. (1962) *How the Greeks Built Cities*, London: W.W. Norton.
Figs 4.32, 4.33,and 4.34	Ward Perkins, J.B. (1955) Early Roman Towns in Italy, *Town Planning Review*, October, pp. 126-154.
Figs 4.35 and 5.3	Beresford, M. (1967) *New Towns of the Middle Ages*, London: Lutterworth Press. (Drawn by Peter Whitehouse.)
Fig. 4.36	Drawn by Peter Whitehouse.
Fig. 4.39	Camblin, G. (1951) *The Town in Ulster*, Belfast: Mullan.
Figs 4.40 and 4.41	Lloyd Wright, F. (1957) *A Testament*, New York: Horizon Press.

Figs 4.45 and 4.46	Gibberd, F. (1955) *Town Design*, London: Architectural Press. (Drawn by Peter Whitehouse.)
Fig. 5.1	Drawn by Peter Whitehouse.
Figs 5.6 and 5.7	Kopp, A. (1970) *Town and Revolution*, (trans. Burton), London: Thames and Hudson. (Drawn by Peter Whitehouse.)
Fig. 5.8	Drawn by Peter Whitehouse.
Figs 5.9, 5.15,5.16, 5.54, 6.3, 6.4 ,6.5 and 6.6	Houghton-Evans, W. (1975) *Planning Cities: Legacy and Portent*, London: Lawrence and Wishart. (Figures 5.9, 5.16, 5.54, 6.5 and 6.6 drawn by Peter Whitehouse.)
Fig. 5.10	Matthew, R. (1967) *Central Lancashire Study for a City*, London: HMSO. (Drawn by Peter Whitehouse.)
Fig. 5.11	Drawn by Peter Whitehouse.
Figs 5.17, 5.19, 5.20, 5.21 and 5.22	March, L. (1974) Homes beyond the fringe, in *The Future of Cities*, Ed. A. Blowers, London: Hutchinson, pp. 167-78. (Drawn by Peter Whitehouse.)
Fig. 5.18	Drawn by Peter Whitehouse.
Figs 5.23a and 5.23b	Drawings by Z.R. Dmochowski, in Moughtin, J.C. (ed.)(1988) *The Work of Z.R. Dmochowski: Nigerian Traditional Architecture*, London: Ethnographica.
Fig. 5.24	Lloyd Wright, F. (1958) *The Living City*, New York: Mentor Books.
Fig. 5.26	Buchanan, C.D. (1963) *Traffic in Towns: The Specially Shortened Edition of the Buchanan Report*, Harmondsworth: Penguin.
Figs 5.27, 5.28, 5.29 and 5.30	Drawings by Peter Whitehouse.
Figs 5.31, 5.32, 5.33, 5.34 and 5.37	Buchanan, C.D. et al. (1966) *South Hampshire Study*, London: HMSO. (Drawn by Peter Whitehouse.)
Fig. 5.35	Futagawa, Y.(Ed),(1974) *Le Corbusier-Chandigarh, The New Capital of Punjab*, India 1951-, Tokio: ADA EDITA. (Drawn by Peter Whitehouse.)
Fig. 5.36	Drawn by Peter Whitehouse.
Figs 5.49, 5.50 and 5.51	Howard, E. (1965) *Garden Cities of Tomorrow*, London: Faber and Faber.
Figs 5.57a, 5.58a, 5.58b, 7.41, 7.42, 7.43a, 7.43b, 7.44 and 7.45	Architectural Design (1993) *New Practice in Urban Design*, London: Academy Editions.
Fig. 5.60	Svensson, O. (1981) *Danish Town Planning: Guide*, Copenhagen: Ministry of the Environment.
Fig. 5.61	Stroud, D. (1950) *Capability Brown*. London: Country Life.
Fig. 6.1	Drawn by Peter Whitehouse.
Figs 6.7a, 6.7b and 6.7c	Photographs by Pat Braniff.
Figs 6.14, 6.15, 6.19 and 6.20	Giedion, S. (1954) *Space Time and Architecture*, Cambridge, Massachusetts: Harvard University Press.
Figs 6.16, 6.17 and 6.18	Public Works Department, Amsterdam (1975) *Amsterdam, Planning and Development*, Amsterdam: The Town Planning Section, Public Works Department.
Fig. 6.21	Doxiadis, C.A. (1968) *Ekistics,* London: Hutchinson.
Figs 6.31, 6.32 and 6.33	Krier, L. (1984) *Houses, Palaces and Cities*, Ed. D. Porphyrios, London: Academy Editions.
Figs 6.34 and 6.35	Calthorpe, P. (1993) *The Next American Metropolis*, New York: Princetown Architectural Press.
Figs 7.1 and 7.2	Gropius, W. (1935) *New Architecture and the Bauhaus* (trans. P.M. Shand and F. Pick), London: Faber and Faber.
Fig. 7.5	Photograph by Bridie Neville.
Fig. 7.11	Alexander, C. (1987) *A New Theory of Urban Design*, Oxford: Oxford University Press.
Figs. 7.12	Drawn by Peter Whitehouse.
Figs 7.15, 7.16 and 7.17	Bentley, I., *et al* (1985) *Responsive Environments*, Oxford: Butterworths.
Fig. 7.25	Drawing by Peter Whitehouse.
Fig. 7.20	Pehut,W.(1973) *Expressionist Architecture*,London:Thames and Hudson.
Fig. 7.35	Drawing by Julyan Wickham.
Figs 7.40a, 7.40b and 7.40c	Photographs by June Greenaway.
Fig. 8.1	Sherlock, H. (1990) *Cities Are Good For Us*, London: Transport 2000.

译 后 记

　　《绿色尺度》是克利夫·芒福汀著作的第三卷,以《美化与装饰》和《街道与广场》的理论为基础,目的在于将城市设计的主要内容和城市建设的基本理论结合起来,着重讨论了城市及其形态、城市居住区、街区、建筑群落等方面的内容。和前两卷一样,该书也提示了西方城市设计领域的一些教训,同时也不主张简单地沿袭、奉承传统的精华,而是力求将城市设计与可持续发展的基本理论相结合,进而推导出建立在环境要素基础上的城市设计原理。在结论部分,该书谈到可持续发展的理念所面临的真实状况,是大量不可持续发展的现代城市,因而将可持续发展理念所涵盖的因素进行了分析,提出了可持续发展的对策和措施,并强调应该在可见的未来和适宜的条件下得到实施。该书可以被理解为城市设计理论的广义化。

陈 贞 高文艳
2003年10月